中国如斯

家风家训

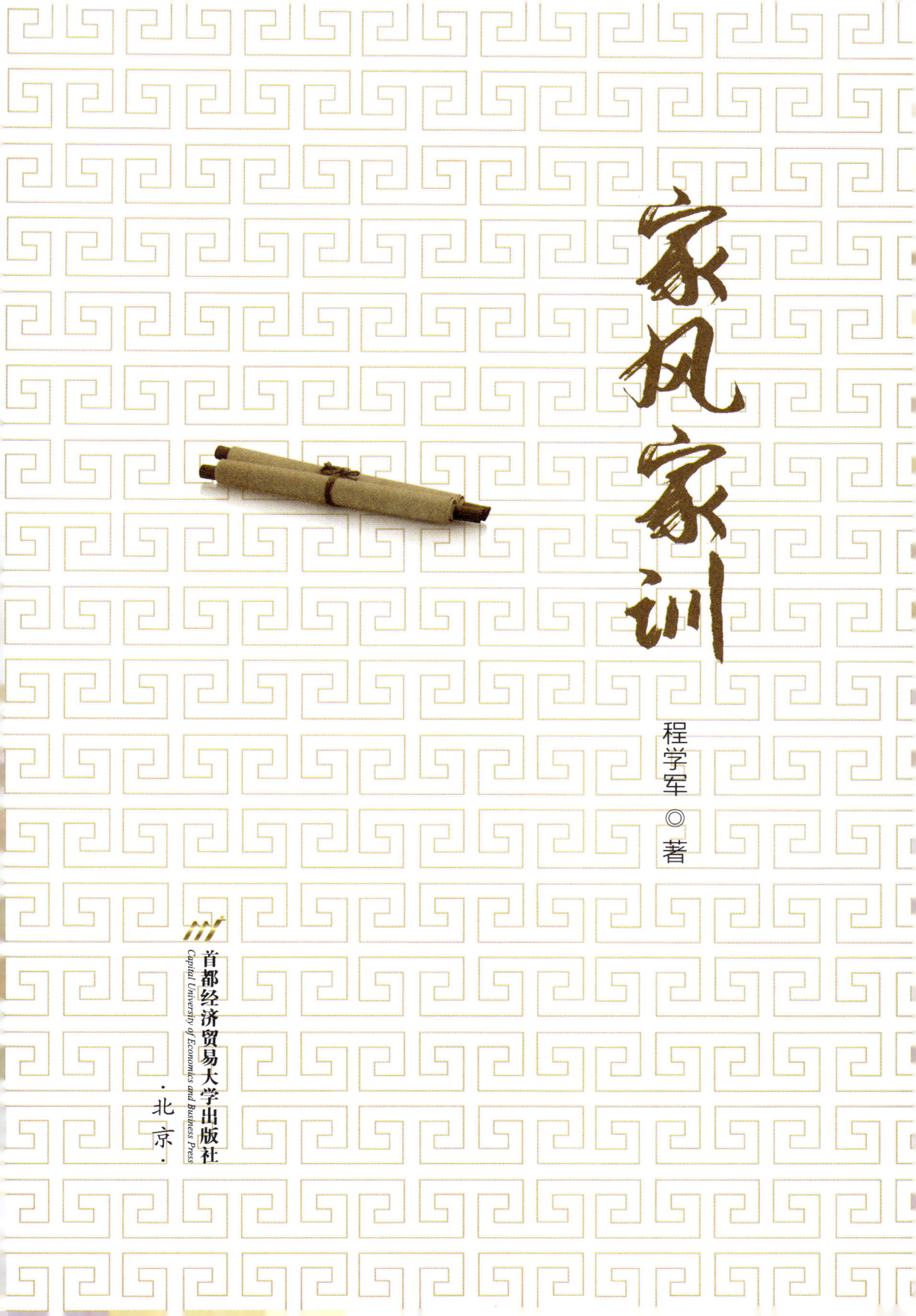

程学军 ◎ 著

首都经济贸易大学出版社
·北京·

图书在版编目（CIP）数据

家风家训 / 程学军著. -- 北京：首都经济贸易大学出版社, 2024.4

ISBN 978-7-5638-3623-9

Ⅰ.①家… Ⅱ.①程… Ⅲ.①家庭道德—中国—青少年读物 Ⅳ.①B823.1-49

中国国家版本馆CIP数据核字（2024）第022535号

家风家训
JIAFENG JIAXUN
程学军　著

责任编辑	彭伽佳
封面设计	砚祥志远·激光照排　TEL:010-65976003
出版发行	首都经济贸易大学出版社
地　　址	北京市朝阳区红庙（邮编100026）
电　　话	（010）65976483　65065761　65071505（传真）
网　　址	http://www.sjmcb.com
E-mail	publish@cueb.edu.cn
经　　销	全国新华书店
照　　排	北京砚祥志远激光照排技术有限公司
印　　刷	唐山玺诚印务有限公司
成品尺寸	170毫米×240毫米　1/16
字　　数	148千字
印　　张	12.75
版　　次	2024年4月第1版　2024年4月第1次印刷
书　　号	ISBN 978-7-5638-3623-9
定　　价	58.00元

图书印装若有质量问题，本社负责调换

版权所有　侵权必究

"中国如斯"丛书编委会

主　编　任定成

副主编　谢忠强

编　委（以姓氏笔划为序）
　　　　　王志峰　任定成　张　玮　张利萍
　　　　　赵瑞林　侯红霞　谢忠强

弁言

中国与世界早已连为一体。世界各国跟中国打交道，就得了解中国。更为重要的是，中国人要发展自己，更得加深对于自身国情的了解。毛泽东早就说过，"认清中国的国情，乃是认清一切革命问题的基本的根据"。不仅如此，中国革命胜利后70余年的历史告诉我们，认清一切中国建设和发展问题，其基本根据仍然是认清中国国情。

对任何事物的认识都包括事实判断和价值判断两个方面。其中，前者是最基本的，后者建立在前者的基础之上。遗憾的是，目前涉及中国国情的读物，多是断语式的价值判断（重复诠释官媒观点），或者碎片式的事实呈现（自媒体的随意表达）。前者过于宏阔，后者则过于琐碎，在宏观和微观之间缺乏中观层面的描述，以至于中国人不认识中国，甚至有学者断言中国人需要在外国才能认识中国。

编辑这套《中国如斯》丛书的目的，就是希望弥补中观层面中国国情系列读物的不足，分专题向读者展示中国社会、中国文化和中华民族的方方面面。我期待作者们以原始文献为据，整合学界既有研究成果，呈现事实，准确系统地讲好中国故事，把判断和思考留给读者。

我也期待学界和读书界对这套丛书的选题和写法提出批评建议，通过读者和编者之间的互动，把这套书编好、写好。

任定成

2023年11月25日

北京百望山下

前言

近年来，随着中国的繁荣富强，中华传统文化日益为世界所关注和重视。我所在的山西大学马克思主义学院要编写一套反映和介绍中华优秀传统文化的丛书，我选了其中的家风家训这个书目。

我之所以关注家风家训，是基于自己的经历和感悟。记得小时候，每到春节前后，家里都会开一次家庭会议，父母带头，每个人都讲讲自己一年来的得失和感悟，这个传统一直延续至今。我们兄妹四人后来均学有所成，工作顺利，常为亲友所称美，是与父母家庭会议这种形式的教育分不开的。

及至在浏览了大量的家风家训著作和文章后，我更为家风家训及其所代表的中国传统文化所折服。中华文明之所以能够屹立世界文明之林五千年，历久弥新，正是因为中国传统文化为之提供了源源不断的养分，而家风家训就是其中的精华。

家风家训展示了中华民族的传统美德，是中国人的精神写照。中华民族自古以来就崇尚"真善美"，注重美德养成。近代学者辜鸿铭在其《中国人的精神》一书中讲到："中国人的精神第一个就是温良。"在我看来，温良就是发自内心的爱，对家人、朋友、民族、国家乃至世界的爱，是中国人先天就有的，这和西方所说的"博爱"是不一样的。

中华民族传统美德在养成过程中，与之相伴，便产生了家风家训。由于长期受儒家学说影响，传统家风家训中不可避免地存在许多封建

思想，这也是我们需要摒弃的。

中国传统文化源远流长，博大精深，但纵观历史，其核心仍然可以概括为爱国爱民、坚韧不拔、克己奉公、勤奋好学、自强自立、睦邻友善、智勇担当、舍生取义等。这些优良品德通过家风家训培养了中国人的人格基因，塑造了中国人的精神力量。

古人十分注重美德的传承，家风家训也是传承中华传统美德的重要载体。家风家训不只是文字的表述，更是它背后一个个鲜活的人物和一则则生动的故事。

当前正处于中华民族伟大复兴的重大历史时期，继承和发展中国优秀传统文化，就要讲好家风家训背后的故事，让家风家训"活起来"，和现在的人们在心灵上产生"共鸣"，行动上产生"共振"，真正入心入行，进而赋予其新的内涵和意义，将中华文明之火代代延续下去。这也是本书选择放弃系统性、专业性论述，力求以故事形式来展现家风家训的初衷。

山西大学马克思主义学院的任定成教授对本书的架构给予了指导，徐少锦、陈延斌的《中国家训史》和其他许多家风家训专著及文章也对本书写作形成了极大的启发，在此一并表示感谢！由于是第一次接触这一领域，书中不免会有许多错误，恳请各位同仁和广大读者批评指正。

目录

第一章　何谓家风家训 / 1

　　第一节　中国人的家 / 2

　　　　家是什么 / 2

　　　　和家有关的中国传统节日 / 4

　　　　和家有关的中国古诗词 / 6

　　第二节　家风 / 11

　　　　家风是什么 / 11

　　　　那些千古流传的家风故事 / 15

　　第三节　家训 / 27

　　　　家训是什么 / 27

　　　　中国第一家训——精忠报国 / 28

　　　　经典家训背后的故事 / 30

第二章　为什么会有家风家训 / 53

　　　　曾子杀猪铸诚信 / 54

　　　　钱镠爱妻传家风 / 56

　　　　班昭为女著《女诫》/ 58

　　　　刘备为子留遗训，可叹枉付一片心 / 59

1

苏氏父子文名扬 / 61

为国选才醉翁情 / 64

缇萦救父勇上书 / 66

红玉助夫抗金兵 / 69

嵇康悔己劝戒酒 / 71

《庭帏杂录》忆双亲 / 73

周公家训开先河 / 75

《颜氏家训》为始祖 / 77

乔家经商"六不准" / 79

刘家藏书"嘉业堂" / 80

《袁氏世范》讲安全 / 82

《治家格言》广流传 / 84

第三章　家风家训如何塑造中国人 / 87

第一节　爱国爱民的典范 / 89

大禹 / 89

李冰父子 / 92

郑成功 / 94

范仲淹 / 96

第二节　坚韧不拔的典范 / 99

司马迁 / 99

苏武 / 101

张骞 / 104

第三节　克己奉公的典范 / 108

　　包拯 / 108

　　况钟 / 111

　　海瑞 / 113

第四节　勤奋好学的典范 / 116

　　司马光 / 116

　　李时珍 / 118

第五节　自强自立的典范 / 121

　　林则徐 / 121

　　左宗棠 / 123

第六节　睦邻友善的典范 / 126

　　鉴真 / 126

　　郑和 / 128

第七节　智勇担当的典范 / 131

　　班超 / 131

　　戚继光 / 133

第八节　舍生取义的典范 / 136

　　文天祥 / 136

　　史可法 / 139

　　谭嗣同 / 141

第四章　中国人如何传承家风家训 / 143

　　第一节　家庭（族）的传承 / 144

　　　　言传身教 / 144

聚会聚谈 / 148

私塾 / 151

修家谱 / 154

建祠堂 / 156

惩戒 / 159

第二节　社会层面的传扬 / 161

义学 / 161

书院 / 164

民间戏曲曲艺 / 167

乡规民约 / 170

对联 / 172

第三节　国家层面的倡导 / 174

官学 / 174

孔庙 / 176

修书 / 179

奖励 / 183

后记 / 187

第一章 何谓家风家训

> 中国文化的"要领所在"即为"中国人的家",围绕着家庭而建立起来的伦理生活是中国人的精神寄托,甚至体现着生命的所有价值,象征着生活的所有意义,所以这种伦理生活能起到一种"宗教的替代品"的作用。
>
> ——梁漱溟

第一节　中国人的家

> 西方的宗教为上帝教，中国的宗教则为"人心教"或"良心教"。西方人做事每依靠上帝，中国人则凭诸良心。西方人以上帝意旨为出发点，中国人则以人类良心为出发点。西方人必须有教堂，教堂为训练人心与上帝接触相通之场所。中国人不必有教堂，而亦必须有一训练人心使其与大群接触相通之场所。此场所便是"家"。中国人乃以家庭培养其良心，如父慈子孝兄友弟恭是也。故中国人的家庭，实即中国人的教堂。
>
> ——钱穆

家是什么

家是什么？100个中国人就会有100个答案。

小孩子会说：家就是门前的小河、河中的鱼儿、河畔的泥巴，还有肆无忌惮玩闹的小伙伴。

青年人会说：家就是爱的人所在的地方，有爱才有家。

中年人会说：家就是老父亲和老母亲，家有一老，如有一宝，老父亲和老母亲所在的地方才是家。

漂泊在外的游子会说：家就是故乡，就是儿时的玩伴和快乐的记忆。

喜欢美食的人会说：家就是妈妈做的饭菜的味道，那是天底下最难忘的美味。

喜欢音乐的人会说：家就是妈妈哼唱的"摇篮曲"，那是世间最动听的歌声。

研究中国文字的人会说：家是象形字。穴者，居所也；豕者，猪也。家就是有住的和有吃的地方。

研究中国社会的人会说：传统的中国社会就是家本位社会，在这样的社会架构中，所有一切社会组织均以"家"为中心，所有一切人与人的关系都嵌套在"家"的关系中。以家族伦理为中心的传统的五伦（君臣、父子、夫妇、长幼、朋友）构成了中国社会关系的基本规范和制度。

甲骨文"家"

研究中国文化的人会说：家是中国人的心灵归宿和感情寄托，是中国社会秩序与文化结构的基本单元。家是中国人社会生活的中心，也是中华传统文化孕育繁衍的核心，"家"文化恒久顽强的生命力和凝聚力表征着中华古老文明的根脉生生不息。

总之，"家"对于中国人来说是神圣的。

在以家族血脉为纽带的中国传统社会，中华民族优秀道德基因通过一代又一代的言传身教、耳濡目染，润物无声地影响着中国人的心灵，渗入每个中国人的血脉，并在岁月的积淀中自然而然地成为中华文化的重要内容。

在中国人的观念里，"家国一体"，"家"是缩小的"国"，"国"是放大的"家"。因此，以家风家训等家文化构成的中华传统文化仍然是现代中国发展进步的重要推动力量。

和家有关的中国传统节日

在中国人心目中，家是心灵的归宿，是感情寄托的地方，有着神圣而重要的地位。中华民族有三个重要的传统节日：春节、中秋、清明，人们把对"家"的特殊感情和美好记忆移植到其中，赋予了其特殊的内涵和意义，伴随着中国几千年的社会变迁，流传至今。

● 春节

春节是中华民族最古老的传统节日之一，也是举国同庆的时刻。说起春节，让我们先看看下面这个故事：传说远古时有一种叫"年"的怪兽，头长独角，血盆大口，每到寒冬腊月的某一天夜里便会出来吃人。于是，我们的祖先就在"年"要出现的时候，全家族的人都围坐在一起，点燃篝火，冲天的火光发出啪啪的响声，"年"见了便望风而逃，等天亮以后，人们就互相恭贺，办起宴席庆祝。后来逐渐演化成全家人共同守岁、拜年、放爆竹、贴春联等春节习俗。直到现在，中国人还习惯把春节叫作"过年"。

随着社会进步，中国人过春节的习俗也在悄然发生变化，除了原有的守岁、走亲戚、给长辈拜年等传统习俗外，又增添了许多新的内容。同事、邻里、朋友之间会互致问候，或走出家门共庆新春。

在中国人眼里，"国"是大的"家"，春节就是全体中国人的节日。如今，每到春节，海内外中华儿女，无论身处何地，都会为了共同的心愿，或回家，或团聚，放下手头的工作，欢聚一堂，共同举杯，祝愿祖国繁荣富强。

● 中秋

中秋节是中华民族最温馨的一个传统节日，也是阖家团圆的日子。据史书记载,"中秋"一词最早出现在《周礼》一书中。根据我国传统历法,农历七、八、九月为秋季,八月处于中间,故称"仲秋",而八月十五又在"仲秋"之中,所以称作"中秋"。但直到唐朝初年,中秋节才成为一个固定的节日。《帝京景物略》中说:"八月十五祭月,其饼必圆,分瓜必牙错,瓣刻如莲花……曰团圆节也。"在古代,每到中秋节这天,中国人会以家庭为单位团聚在一起,祭月、赏月、吃月饼、饮桂花酒,共享天伦之乐。

然而世事艰难,从古至今,总有中秋节难以和家人团聚的时刻,"人有悲欢离合,月有阴晴圆缺,此事古难全"。随着时代的发展,人们职业的流动性增加,家庭成员间的空间距离变得更大,团聚在一起也变得更加困难,但即使如此,每到中秋这一天,虽远隔万里,人们也仍然会用电话、网络视频等方式互致相思、相爱之情。中秋节更多地承载了中国人对家和家人的感情寄托,正如宋朝文学家苏轼的名句:"但愿人长久,千里共婵娟。"

● 清明

在中华民族的传统中,清明节是一个寄托哀思的日子,唐朝诗人杜牧曾写道:"清明时节雨纷纷,路上行人欲断魂,借问酒家何处有?牧童遥指杏花村。"

说起清明节的来历,还有一个悲伤的故事。在春秋时期,晋国公子重耳为逃避迫害流亡山野,有一天,他饥寒难耐,奄奄一息,随从介之推无奈割下自己腿上一块肉,煮成汤给他喝下去,才救了他一命。十九年后,重耳回到晋国即位,史称晋文公,为报答介之推的救命之恩,便要重重封赏他,但介之推坚辞不受,带着母亲在绵山隐居下来。晋文公的一个手下出主意说:大王,你让人放火烧

山，肯定能把介之推逼出来见你。晋文公听信了他的话，但大火烧了几天，也没见介之推出来，等火熄灭后才发现介之推和母亲死在一棵大树下，在大树下的洞里，介之推在一片衣襟上写道：割肉奉君尽丹心，但愿主公常清明。晋文公悔恨不已，于是便把这一天定为寒食节，意思是不许用火，而将寒食节的后一天定为清明节，以示纪念。从此之后，清明节便流传下来，成为中国家庭祭祀逝去亲人的日子。

近年来，随着全球化进程的加快，中华文化在走向世界的过程中越来越展现出其厚重的历史底蕴和悠久的民族传统，增强了中国人的民族自豪感。为此，近年来我国在每年的清明节都会举办黄帝陵公祭活动，港澳同胞、台湾同胞和海外华人华侨纷纷回国参加，昭示了中华民族同根共祖、复兴发展的共同愿景，清明节不再仅仅是缅怀家族先辈、祭祀祖先的节日，更具有追寻中华民族文化传统、寻根归宗的意义。

和家有关的中国古诗词

家在中国人心里如此重要，自然也少不了中国古典诗词的眷顾。和家相关的诗歌，首先是表达对家人思念之情的。比如唐代诗人孟郊的《游子吟》：

慈母手中线，游子身上衣。

临行密密缝，意恐迟迟归。

谁言寸草心，报得三春晖。

再比如，唐代诗人王维的《九月九日忆山东兄弟》：

独在异乡为异客，每逢佳节倍思亲。

遥知兄弟登高处，遍插茱萸少一人。

第一章　何谓家风家训

还有表达思乡之情的，比如大家熟知的诗仙李白在其名篇《静夜思》中这样写道：

床前明月光，疑是地上霜。
举头望明月，低头思故乡。

知识卡片1-1

◎诗仙李白

李白（公元701—762年），字太白，号青莲居士，又号"谪仙人"，唐代伟大的浪漫主义诗人。

李白性格豪迈，爱喝酒，喜交友，在李白的很多诗中，酒和朋友都是不可缺的，"五花马、千金裘，呼儿将出换美酒，与尔同消万古愁"。汪伦隐居安徽泾县的桃花潭畔时，因久慕李白才名，便写信相邀，李白欣然前往，临别时李白即兴写下了千古名句："桃花潭水深千尺，不及汪伦送我情。"

李白

李白生性旷达，在被玄宗征召入长安时，他满怀豪情地写下了这样的诗句："仰天大笑出门去，我辈岂是蓬蒿人！"但李白为人孤高耿介，不善于阿谀逢迎，用他自己的话说就是："安能摧眉折腰事权贵，使我不得开心颜！"也正因为这个原因，李白在做官期间屡遭排挤和倾轧。

李白一生遍历祖国名山大川，用他满腔的激情、飘逸的文字和新奇的想象，写下了很多讴歌祖国山河秀美风光的著名诗篇，达到了内容与艺术的完美统一，对后代的诗歌产生了极为

深远的影响，被后人誉为"诗仙"。

离家久了，总是要回家的，那是一种什么样的心情呢？唐代诗人宋之问在《渡汉江》中这样说：

岭外音书断，经冬复历春。

近乡情更怯，不敢问来人。

不敢问还得被人问，唐代诗人贺知章就遇到了这样的情况（《回乡偶书二首·其一》）：

少小离家老大回，乡音无改鬓毛衰。

儿童相见不相识，笑问客从何处来。

如果生活在社会动荡的年代，家人难以相见，书信就成了家庭成员之间相互联系的唯一纽带，显得格外珍贵。比如：唐代著名诗人杜甫在《春望》中这样写道：

国破山河在，城春草木深。感时花溅泪，恨别鸟惊心。

烽火连三月，家书抵万金。白头搔更短，浑欲不胜簪。

知识卡片1-2

◎诗圣杜甫

杜甫（公元712—770年），河南巩县（今河南省巩义）人，字子美，号少陵野老，唐代伟大的现实主义诗人。

杜甫出生于名门望族，从小就深受儒家仁政思想影响，立志"致君尧舜上，再使风俗淳"。他在青年时期曾游览泰山，

杜甫

写下了"会当凌绝顶,一览众山小"的名句来表达心中的宏伟抱负和远大志向。

然而命运多舛,杜甫先是科举不第,困居长安十年,后又遇"安史之乱",生活颠沛流离,忧国忧民的杜甫心系民间疾苦,写出了"三吏"和"三别"等传颂千古的诗歌名篇,记录了唐朝由盛转衰的历史巨变,他的诗也被称作"诗史"。

杜甫的诗中饱含崇高的儒家仁爱思想和强烈的忧国忧民意识,而唯独没有他自己。正如他在《茅屋为秋风所破歌》中所写:"安得广厦千万间,大庇天下寒士俱欢颜!……何时眼前突兀见此屋,吾庐独破受冻死亦足!"杜甫的这种现实主义写作风格对中国文学和日本文学产生了深远的影响,被后人称为"诗圣"。

对于那些忧国忧民的人来说,对国家民族的命运和未来的忧思与祝愿同样也体现在家庭祭祀活动中,比如:宋代的陆游曾这样和儿子说(《示儿》):

死去元知万事空,但悲不见九州同。
王师北定中原日,家祭无忘告乃翁。

知识卡片1-3

◎爱国诗人陆游

陆游(公元1125—1210年),字务观,号放翁,越州山阴(现浙江绍兴)人,南宋著名诗人。

陆游出生在北宋灭亡之际,成长在偏安江南的南宋时期,

家风家训

陆游

从小受家庭爱国思想的熏陶,陆游一生满怀北定中原的理想,梦想着"楼船夜雪瓜洲渡,铁马秋风大散关"。然而,当时的朝政由主和派把持,为此,陆游仕途蹉跌,屡遭排斥,空怀一腔热血却报国无门,"塞上长城空自许,镜中衰鬓已先斑"。

陆游晚年蛰居故乡山阴,过起了"山重水复疑无路,柳暗花明又一村"的悠闲田园生活。然而,此时的陆游并未放弃心中的梦,而是将希望寄托在了子孙后辈身上,写了很多诗来教育子孙。

直到临终之际,陆游记挂的仍然是北定中原。陆游的诗以其饱满的爱国热情对后世影响深远。

第二节　家风

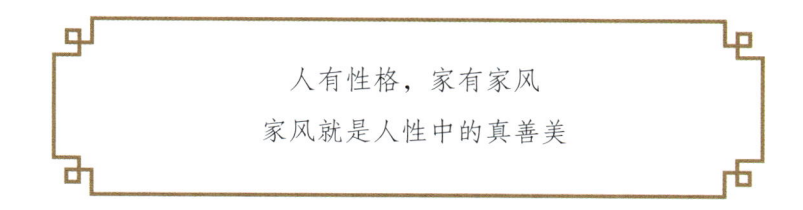

> 人有性格，家有家风
> 家风就是人性中的真善美

家风是什么

"家风"一词最早出现在西晋文学家潘岳的作品中。

说到潘岳这个人，大家可能感觉很陌生，但提起他的另一个名字——潘安，大家可能就会知道了。中国古代有这样一句话，通常用来赞美男人——"貌若潘安，才比子建"。意思就是：长得像潘安那样帅，像曹植（字子建，写七步诗的那位文学天才）一样有才华，这可是对古代男人的最高赞誉了。

潘岳被誉为"古代第一美男"，他有多帅呢？《世说新语》里是这样写的："妇人遇者，莫不连手共萦之。"用现在的话来说就是，女人见了他，都非常狂热地拉着手把他围起来观看，可见对他的迷恋程度。据说他坐车出门时，女人都向他的车里扔水果，把车都堆满了，成语"掷果盈车"就是这么来的。

潘岳有个好朋友叫夏侯湛，人同样长得英俊潇洒，而且很有文才，有一天，他将《诗经》中光有题目而没有内容的六篇"笙诗"，

仿照诗经的风格补写成《周诗》拿给潘岳看。潘岳看了后认为这些诗不仅温文尔雅，而且从中也反映了诗人的孝悌本性。

> **知识卡片1-4**
>
> ◎ 诗经
>
> 《诗经》是中国古代最早的一部诗歌总集，作者已经无法考证，传说是尹吉甫采集、孔子编订的。《诗经》分为《风》《雅》《颂》三个部分，共收集了西周初年至春秋中叶（公元前11世纪至前6世纪）的诗歌311篇，其中6篇为笙诗，即只有标题，没有内容。总体来看，《诗经》反映了周初至周晚期约五百年间的社会面貌，是周代社会生活的一面镜子。
>
> 《诗经》的语言形象生动，文字优美，一些诗句至今仍在广为流传。如：
>
> 关关雎鸠，在河之洲。窈窕淑女，君子好逑。
>
> 死生契阔，与子成说。执子之手，与子偕老。
>
> 先秦时期，诸子百家对《诗经》极为推崇，到汉武帝时期，儒家更是将《诗经》奉为经典，尊为五经之一。

受夏侯湛的启发，潘岳写了一首《家风诗》来描述自己家族的风尚。诗的原文是这样的：

绾发绾发，发亦鬓止。日祗日祗，敬亦慎止。靡专靡有，受之父母。鸣鹤匪和，析薪弗荷。隐忧孔疚，我堂靡构。义方既训，家道颖颖。岂敢荒宁，一日三省。①

---

① 《古今图书集成·明伦汇编·家范典》。

第一章　何谓家风家训

翻译成白话文，大意就是：

把乌黑的头发束起来，我早已长大成人了，父母从小就教育我，要恭敬谨慎做人做事，我虽然口口声声地答应着，但现在自己年过不惑，仕途不顺，离父母的要求还差的很远，觉得很惭愧。潘家以"义方"为家训，所以家道隆盛，到了自己这一代岂能荒废？所以每天都要反省自己呀！

潘岳诗中歌颂了自己家族的家教，赞美了自己的家风，加上他本来就是"流量明星"，所以"家风"这个词很快就流行起来，并出现在各种文献典籍中。

比如：《周书·李昶传》这样记载：

昶年十数岁，为《明堂赋》。虽优洽未足，而才制可观，见者咸曰"有家风矣"。

意思是说：李昶这孩子才十几岁就写出了《明堂赋》，虽然写的还不够完美，但文采还是不错的，看过的人都说：他是有家风的。

在这里，家风成了一种对人的赞誉，直到现在，我们仍用"家风好"来称赞一个人。

那么，家风又是什么呢？

北京师范大学徐梓教授认为：我们可以将家风理解为家庭的风气，将它看作是一个家庭的传统，是一个家庭的文化。如同一个人有气质一样，一个家庭在长期的绵延过程中，也会形成自己独特的风习和风貌。这样一种看不见的精神风貌、摸不着的风尚习气以一种隐性的形态，存在于特定家庭的日常生活之中，家庭成员的一举手、一投足，无不体现出这样一种习性，这就是家风。[①]

[①] 徐梓：《家风的意蕴》，《寻根》，2014年第3期，第4~7页。

我国著名伦理学家罗国杰在谈到"家风"时,是这样说的:

> 所谓"家风",一般是指一种由父母(或祖辈)提倡并能身体力行和言传身教,用以约束和规范家庭成员的风尚和作风。家风是一个家庭长期培育形成的一种文化和道德氛围,有一种强大的感染力量,是家庭伦理和家庭美德的集中体现。……家风作为一种精神力量,它既能在思想道德上约束其成员,又能促使家庭成员在一种文明、和谐、健康、向上的氛围中不断发展。[1]

在中国传统社会里,一个家庭或者家族在形成自己的家风的过程中,既受到家庭外部或者说当时社会的影响,反过来也会对当时的社会、政治、经济、文化产生影响。自汉以来,一直到清朝灭亡近两千年间,儒家思想一直是古代中国处于统治地位的思想。因此,中国传统家庭的家风中始终闪现着儒家思想的影子,并随着其发展而不断发展。在某些时期或某一方面,家风文化又对儒家思想形成新的补充和丰富。

家风作为一个家庭或家族的传统和文化风尚,需要多少代才能形成呢?我们可以参考美国学者爱德华·希尔斯在《论传统》中关于"传统"形成时间的阐述。他说:

> 如果一种信仰在形成后立刻被摒弃,如果其创始人或倡导者提出或身体力行这种信仰,但却没有人接受它,那么它就显然不是传统。

家风联

---

[1] 罗国杰:《论家风》,《光明日报》,1999年5月21日。

如果一种信仰或惯例"流行"了起来，然而仅存活了很短的时间，那么，它也不能成为传统，虽然在其核心部分包含了作为传统本质的延传范型，即从倡导者到接受者这样的过程。它至少要持续三代人才能成为传统。[①]

正因为如此，中国传统家庭历来注重家风家教。有一幅著名对联"忠厚传家久，诗书继世长"，就是希望把家庭中良好的伦理价值和风尚习气世世代代传承下去。

那些千古流传的家风故事

在中华民族几千年的发展史中，流传下来很多美好的家风故事，生动形象地展示了中华儿女爱国爱民、勤奋好学、自立自强、勤劳节俭、尊老爱幼、诚实守信、宽以待人等优秀品德。这些良好的品德代代相传，渐渐融入人们的血液中，成为共同的道德规范和行为指南，经过一代人甚至几代人的不懈践行，不但影响着一个家族，甚至影响着整个民族，进而形成了中华文化的核心。

● **班超投笔从戎**

我国东汉时期有一个史学家叫班彪，他有两个儿子，一个女儿。在他的教育和熏陶下，大儿子班固、女儿班昭都继承他的事业，成为了著名史学家，与班彪并称"三班"，只有小儿子班超是个例外。

也许是小时候就听父亲讲历史上的名人和他们的传奇事迹，班超对曾经出使西域、替西汉立下无数功劳的傅介子和张骞等人十分敬佩，从小就立志驰骋疆场，建功立业。但那时的汉朝政权和匈奴

---

① 转引自李兵：《习训齐家》，中华书局2020年版，第9页。

投笔从戎

（来源：连环画《投笔从戎》，冯墨农、汪玉山绘，河北美术出版社1957年版。）

之间一直相安无事，加上班家刚到京城不久，家里生活贫困，班超只好沉下心来，老老实实听从父亲的安排，去为官府抄书来挣钱养家。

有一天，正在抄书的班超听到别人议论，说是要攻打北匈奴了，他霍地站起身来，把笔一扔，说道："大丈夫应该像傅介子、张骞那样，在战场上立下功劳，怎么可以在这种抄抄写写的小事中浪费生命呢！"于是班超弃文从军，从此开启他在西域三十多年的辉煌人生。他靠着自己的智慧和胆量，带着数十人出使西域，度过各式各样的危机，降服了西域五十多个国家，为西域回归汉朝做出了巨大贡献。

后来，班超担任西域都护，被封为定远侯，世称"班定远"。

● 祖逖闻鸡起舞

祖逖是河北范阳遒县（今河北涞水）人，东晋时期杰出的军事家。

祖逖小时候不爱读书，但他胸怀坦荡，立志要为国家建功立业，成为国家的栋梁。长大以后，祖逖意识到不读书就没有知识、没有本领，更谈不上报效国家，于是发奋读书，学问大有长进。

祖逖有个好朋友叫刘琨，他们经常在一起谈论兵书，练习剑术。有一天，祖逖在睡梦中听到鸡叫声，就一脚把刘琨踢醒，对他说："咱们以后每天听见鸡叫就起床练剑如何？"刘琨欣然同意。从此以后，两人每天鸡叫后就起床练剑，一年四季从未间断。

后来，祖逖率部北渡长江，得到江北各地百姓的响应。数年间，收复了中原地区大片国土，被封为镇西将军。

● 孔子过庭之训

孔子是大家熟知的著名的思想家、教育家，他有弟子三千，可谓门徒众多，但却从未放松过对自己孩子的教育和要求。他的儿子孔鲤讲过这么两件小事。

有一天，孔鲤想出去玩耍，被站在庭院中间的孔子逮了个正着。孔子问道："你学习《诗经》了吗？"孔鲤只好如实回答："还没有学过。"孔子听后提醒说："你不读《诗经》，以后怎么会有礼貌地说话呢！"孔鲤听后返回房间，开始苦读《诗经》。

又过了一段时间，孔子站在院子中间，孔鲤恰好经过，孔子问他："你最近学《礼》了吗？"孔鲤没有读过，只好又实话实说。孔子提醒说："你不学《礼》，将来在社会上无法立足！"孔鲤回到房间后，又开始苦读《礼》。

这就是孔子对自己孩子的教诲。孔子的弟子陈亢知道后十分有感触：老师对我们每个人就像对他的孩子一样，儒家经典的学习是我们的立身之本呀。后来他把孔鲤所讲的事情记录在《论语》中，被称为"过庭之训"。

家风家训

知识卡片1-5

◎孔子与《论语》

孔子（公元前551年—公元前479年），名丘，字仲尼，鲁国陬邑（今山东省曲阜市）人，中国古代思想家、政治家、教育家，儒家学派创始人。

孔子首创私人讲学之风，倡导仁义礼智信，主张"学而优则仕"，强调道德教育，提倡有教无类，因材施教。《论语》是孔子思想的集中体现，是由他的弟子和再传弟子共同整理编成的，主要记录了孔子及其弟子的言行语录和思想，被后世儒家奉为经典。

孔子的政治思想核心内容是"礼"与"仁"，在治国的方略上，他主张"为政以德"，用道德和礼教来治理国家，也称"德治"或"礼治"。孔子的这种人道主义和秩序精神是中国古代社会政治思想的精华。

孔子和他创立的儒家学说对中国和世界文化发展都有着十分深远的影响，被列为"世界十大文化名人"之首。

● 孟母三迁择邻

一提到母亲教育子女的典范，大家首先想到的就是孟母。"昔孟母，择邻处"，说明言传不如身教，身教不如境教。

孟子自幼丧父，由母亲抚养成人。据传说，孟子小的时候，家离墓地很近，他每天都和小伙伴们去墓地玩耍，就学会了祭拜之类的事。孟母意识到这样对孟子的影响不好，就把家搬到了集市的旁边。过了一段时间，孟母又发现孟子在和小伙伴们玩耍时，在模仿大人们做买卖和杀猪、杀牛之类的事情，孟母觉得住在集市旁边对孩子的影响也不好，于是她又把家搬到官办的学校旁边。这样孟子每天都能看到学校师生的学习与生活，耳濡目染，便也学会了鞠躬行礼以及进退的礼节。后来，孟子拜孔子的孙子子思的弟子为师学习儒家文化，最终成为举世闻名的大儒。

知识卡片1-6

◎亚圣孟子

孟子（约公元前372年—公元前289年），名轲，字子舆，邹国（今山东邹城）人，战国时期著名哲学家、思想家、政治家、教育家，孔子之后儒家学派的代表人物，后世将其与孔子并称为"孔孟"。

孟子宣扬"仁政"，最早提出"民为贵，社稷次之，君为轻"的思想。孟子主张道德修养是搞好政治的根本，他说："天下之本在国，国之本在家，家之本在身。"孟子还提出了人性本善的思想。他认为，仁义礼智的道德是天赋的，是人心所固有的，是人的"良知、良能"。他认为人人都有"善端"，即恻隐之心、羞恶之心、辞让之心、是非之心，称其为"四端"。孟子认

孟子

为经过长期道德实践，人人皆可以拥有"浩然之气"，即一种坚定的无所畏惧的心理状态。

孟子的言论著作收录于《孟子》一书。南宋朱熹将《孟子》与《论语》《大学》《中庸》并列，合称"四书"，成为儒家文化的重要教材，产生了广泛而深远的影响。

● 匡衡凿壁偷光

匡衡（生卒年不详），字稚圭，东海郡承县（今山东枣庄市）人，西汉时期著名的经学家。他小时候勤奋好学，但家里很穷，白天必须干活，只有到晚上才能安心读书，但是他家里又点不起灯。有一天，匡衡突然发现从墙壁上透过来一丝亮光，原来是邻居家的灯光。他的邻居家比较富裕，每到晚上房间里都会点上灯，并且亮到很晚。看着微弱的灯光，匡衡想了一个办法，他拿刀把墙缝挖大了一些，这样透过来的光亮也大了，他就凑着透进来的灯光读起书来。

那个时候，书是非常贵重的，有书的人不肯轻易借给别人。匡衡就去有书的富豪人家做长工，他干活非常卖力，但是不要一文钱。主人家觉得奇怪就问他为什么，匡衡说："只希望您能把书借给我看。"听了匡衡的回答，主人家非常感叹，这样勤奋好学的孩子怎么能不支持呢？于是就把家中的书都拿给匡衡读。日积月累，匡衡终于成了著名的大学者。

● 于谦两袖清风

于谦（公元1398年—1457年），字廷益，号节庵，杭州府钱塘县（今浙江省杭州市）人，明代大臣，民族英雄。

第一章 何谓家风家训

于谦自小有远大的志向。小时候,他的祖父收藏了一幅文天祥的画像。于谦十分钦佩文天祥,就把画像挂在书桌边,并且题上词,表示一定要向文天祥学习。

长大以后,于谦考中进士,先后做了几任地方官,他严格执法,廉洁奉公;后来担任河南巡抚,他奖励生产,救济灾荒,关心人民疾苦,受到百姓的爱戴。

于谦像(局部,清·顾见龙)

当时正是王振专权的时候,官员贪污成风,地方官进京办事总要先送白银贿赂上司,只有于谦从来不送礼品。有人劝他说:"您不肯送金银财宝,难道不能带点土特产去?"于谦甩动他的两只袖子,笑着说:"只有清风。"他还写了一首诗,表明自己的态度,诗的后两句是:"清风两袖朝天去,免得闾阎话短长。"意思是免得被百姓说长道短。成语"两袖清风"就是这样来的。

正统十四年(公元1449年)蒙古也先进攻明朝边境,明英宗听信王振谗言,率军亲征,兵败土木堡,在内忧外患之际,于谦力挽狂澜,组织取得了北京保卫战的胜利,挽救明朝于危难之中。于谦后为奸臣所害,含冤而死。

于谦曾写下《石灰吟》一诗,表达其爱国志向:

千锤万凿出深山,烈火焚烧若等闲。

粉骨碎身浑不怕,要留清白在人间。

●天知神知我知你知

杨震是东汉著名的政治家、教育家，弘农华阴（今陕西华阴东）人，有"关西孔子"之称。

杨震原来在荆州担任刺史的时候，曾经举荐一个叫王密的读书人担任昌邑（今属山东）的县令。后来杨震调任到东莱担任太守，赴任途中经过昌邑县，王密为报答他的知遇之恩，先是白天给予了热情款待，到了晚上，王密又特地准备了十斤黄金送到杨震住的地方，杨震对此坚辞不受。王密说："现在正是深夜，没有人会知道的。"杨震说："天知、神知、我知、你知，怎么能说没有人知道呢？"王密听后深受感动，带着金子惭愧离开。杨震因此被人称为"四知先生"。

杨震平生的所作所为深深地影响了他的子孙。他的五个儿子都以"清白正直"闻名，孙杨赐、重孙杨彪均官至太尉，都继承了杨家清正廉洁的家风。范晔在《后汉书》中称赞杨家"自震至彪，四世太尉，德业相继"，"积善之家，必有余庆"。

杨震

●羊续悬鱼拒贿

羊续（公元142年—189年），字兴祖，泰山郡平阳（今山东省新泰市）人。羊续在南阳担任太守的时候，由于之前的官员欺压百姓，导致当地叛乱频发，百姓深受其害。羊续上任后通过微服私访，迅速摸清了情况，之后他大刀阔斧地进行整顿，纠除弊端，平定叛乱，深受南阳老百姓的爱戴。

有个郡丞很钦佩羊续。有一天，郡丞拿着一条稀有的大活鱼来见羊续，说是送给他尝尝鲜，这让羊续十分为难，如果不收，扫了郡丞的面子和好意。于是他将鱼收下，挂在院子里。不久，郡丞又一次送鱼来。羊续便将上次悬挂于庭院中的那条鱼指给他看，郡丞看后惭愧而退。郡中官吏都为他所慑服，再也不敢来送礼。百姓争相传颂他的清廉事迹，羊续就此多了一个"悬鱼太守"的雅号。

羊续"悬鱼拒贿"的事迹流传千年，明朝时的民族英雄于谦曾为此赋诗："剩喜门前无贺客，绝胜厨传有悬鱼。清风一枕南窗卧，闲阅床头几卷书。"

● 杨时程门立雪

杨时是北宋的大学问家，待人有礼，谦虚好学。在他四十多岁的时候，有一天，他和好友游酢相约一起去找理学大家程颐请教学问。当他们走到先生家时，得知先生正在午休，两个人便恭恭敬敬地站在门口等老师醒来。当时正是隆冬时节，天色渐渐阴了起来，不一会儿下起了鹅毛大雪，天气也越来越冷，书童劝说他们改天再来或到屋内等待，被两人婉拒了。

当程颐睡醒的时候，才发现门外站着两个"雪人"，门外的雪已积了一尺多厚了。他们的行为让先生很感动，更尽心尽力传授全部学问。之后，杨时回到南方传播程颐的理学思想，理解也更加深刻，且形成独家学派，世称"龟山先生"。

"程门立雪"成为后世学子求学师门、诚心专志、尊师重道的榜样。

●管宁割席绝友

管宁（公元158年—241年），字幼安，北海郡朱虚县（今山东省安丘）人，东汉末年至三国时期著名隐士。

管宁是一个品行高洁的人，他一生不贪慕荣华富贵，不贪恋金钱享受，他虽然学问名声很大，但一直过着隐居生活。

管宁和华歆年轻的时候曾经是好朋友。《世说新语》记载了他们的故事。有一次，两个人一起去园中锄草，发现地上不知是谁掉落了一片金子，管宁对金子视而不见，继续锄着草，而华歆却高兴地把金子拣了起来。还有一次，他们两人正坐在同一张席子上读书，这时候有个当官的坐着车从门前经过，管宁头也不抬一下继续读他的书，而华歆却放下书跑了出去。管宁觉得华歆贪慕荣华富贵，和自己志不同道不合，就割断席子和华歆说："你我志向不同，不再是朋友了。"

华歆后来做了魏国的太尉，一生清正廉洁；而管宁一生隐居山野，讲授经典，教化民众。

●六尺巷的来历

安徽桐城有一处著名的景点叫六尺巷。在巷子里立着一个刻着"礼让"二字的牌匾，很多人来到这里的游人都会产生一个疑问，为什么叫做六尺巷呢？这背后有什么故事吗？

六尺巷的背后还真有一个故事，和康熙年间的宰相张英有关。

张英出生在安徽桐城。当年张家从江西饶州迁移到安徽桐城时，整整五代人一直过着亦农亦商的生活。直到第六代传人张淳在1568年（明隆庆二年）考中了进士，张家的家运才从此转变。

康熙年间，张家又出了一个牛人，就是故事的主角张英。张英

六尺巷

在1667年考中进士，历任工部尚书、礼部尚书、文华殿大学士等职。在平定三藩之乱的过程中，张英出谋划策，为平定三藩之乱立下了大功，得到了康熙皇帝的赏识并视为心腹，侍值南书房。清朝不设宰相职位，侍值南书房就相当于是宰相了。而且康熙皇帝还赐予张英在故宫西安门内入居的特权，这在当时是极少数人才能享受到的待遇。

有一天，正在南书房办公的张英收到了家人的信。原来在他的老家安徽桐城文庙西南不远的西后街有一条巷子，长一百米，宽两米，巷南是张英的宅院，巷北是当地富商吴家的宅院。吴家要扩建新宅，想要侵占张英老宅旁边的空地，张英的家人不同意，管家过去评理，没想到头还被打破了。就这样，张家和吴家起了纷争，把官司打到了县衙。想到张英是当朝宰相，张家人就给远在京城的张英修书一封，把事情的来龙去脉讲了一遍，让张英用官威压一压吴

家的气焰。

看完来信，张英写了一首诗，让人送了回去。诗是这么写的：

一纸书来只为墙，让他三尺又何妨。

长城万里今犹在，不见当年秦始皇。

张家人收到后，打开一看，也就明白了，主动退让了三尺。而邻居吴家人知道这件事后，被张英不仗势欺人、反而隐忍退让的气魄所折服，自觉十分羞愧，也主动往后退了三尺，两家院子之间的街道就形成了一条宽六尺的巷子。于是就有了现在著名的景点——六尺巷。

从这个故事中，我们可以看到张英家风中的礼让之风。这个故事也成为后世流传的佳话，成为中华民族传统礼仪道德的典范。

第三节 家训

> 有家必有训
> 家训是对人性中爱的激发

家训是什么

古人云：人必有家，家必有训。

通俗来讲，家训就是家庭教育，是伴随着家庭的出现而出现的。家训通常是家族先辈对后人的训诫和教诲，起初主要是口头训诫，书面家训是在文字出现较长一段时间后才出现的。一般认为，周公首开中国家训的先河，他的《诫伯禽书》就是最早出现的家训。

周公被尊为儒学的奠基人，也被后世视为个人道德的最高典范。儒家自孔子始，倡导"修身齐家治国平天下"的道德精神，对后世的家庭教育产生了重大影响。正因为如此，我们现在所看到的古代家训，字里行间无不闪现着儒家思想的光芒。

修身重在"立德"。古人将"立德"置于家庭教育首位，如"唯德唯贤，能服于人"[①]，而"立德"的主要内容是"忠"和"孝"。在家能孝，于国尽忠。"孝"要求：子女尊敬长辈，尽返哺之情，报

[①] 语出《三国志·蜀书·先主传》。

操劳之恩。"忠"要求：为官尽力，公正清廉，为人诚信，"勿以善小而不为，勿以恶小而为之"①。

齐家重在"立范"。"不以规矩，不能成方圆。"②古人十分注重以身示范，正身率下，订立族规家矩，并以家训的形式，或刊于书籍，或刻于器物，或载于家谱、书信、诗词中，供子孙后代学习铭记。

治国重在"为学"。"幼不学，老何为？""学而时习之，不亦乐乎？"③古人尤其重视子孙读书学习，古人"为学"主要是教育子孙读儒家经典，学圣贤之道，以"经世致用"，我们现在看古代家训，里面有很大一部分都是劝学的。

平天下重在"立志"。"树无根不长，人无志不立。"古人强调要从小立志，"天下兴亡，匹夫有责"，"有志者，事竟成"④，很多古代家族还会利用修家谱、祠堂祭祀等形式，用祖辈的事迹来激励后代子孙。

在中国几千年的历史长河里，家训中的很多名言警句，以其独特的魅力拨动着人们的心弦，闪耀着思想火花，代代流传，构成了中华传统文化的重要篇章。

中国第一家训——精忠报国

"岳母刺字"的故事在中国广为流传，可谓家喻户晓，无人不知。

尽管史书上没有"岳母刺字"的记载，但故事所展现出来的深

---

① 语出《三国志·蜀书·先主传》。
② 语出《孟子·离娄章句上》。
③ 语出《论语》。
④ 语出《后汉书·耿弇传》。

第一章 何谓家风家训

厚的爱国主义情怀感染了一代又一代的中国人。"精忠报国"不仅是民族英雄岳飞的家训，更是全体中国人的家训。

岳飞（公元1103—1142年），字鹏举，相州汤阴（今河南省汤阴县）人，是我国宋代著名的民族英雄。

岳飞出生在一个普通农民家庭，民间传说岳飞出生时，有鲲鹏落在他家房顶上，振翅高鸣，因此取名岳飞，取字鹏举。

岳母刺字铜像（山东青岛海趣园）

岳飞小的时候，北方的少数民族政权金国多次入侵宋朝，肆意烧杀抢掠，给生活在黄河中下游地区的百姓带来了深重的灾难。目睹金军的残酷暴行，幼小的岳飞十分愤慨，立志长大后从军抗金，于是他一边勤奋读书，一边学习武艺。岳飞喜欢读《左传》《孙子兵法》等书，从中学习行军打仗的本领，民间传说他曾拜教过林冲、武松、鲁智深的"陕西大侠"周侗为师，学习枪法，练就了一身好武艺。

岳飞长大以后，决定离家从军，报效国家，岳飞的母亲姚氏深明大义，传说她在岳飞后背刺了"精忠报国"四个大字勉励岳飞。岳飞一生牢记母亲教诲，率领岳家军同金军进行了数百次战斗，所向披靡，收复了大片国土。由于岳飞治军有方，岳家军作战勇敢，军纪严明，战无不胜，当时在金兵中流传着一句话："撼山易，撼岳家军难！"

然而，正当岳飞要乘胜追击的时候，以宋高宗、秦桧为首的投降派却与金国议和，并以"莫须有"的"谋反"罪名将岳飞杀害于风波亭。后来，人们为纪念岳飞，在杭州西湖畔修建了岳飞庙，内塑岳飞铜像供人祭拜，同时塑秦桧等奸臣跪像，为人所唾弃。

岳飞不仅是令人敬佩的民族英雄，还是一位著名的词人，他的名作《满江红·怒发冲冠》，至今读来仍让人心潮澎湃。

怒发冲冠，凭栏处、潇潇雨歇。抬望眼，仰天长啸，壮怀激烈。三十功名尘与土，八千里路云和月。莫等闲，白了少年头，空悲切。

靖康耻，犹未雪；臣子恨，何时灭？驾长车，踏破贺兰山缺。壮志饥餐胡虏肉，笑谈渴饮匈奴血。待从头，收拾旧山河，朝天阙。

经典家训背后的故事

在中华民族传统文化的历史长河中，流传着许多脍炙人口的家训名言，它们或立意高远，催人奋进；或饱含哲理，引人深思；或文辞优美，陶冶情操；或浅显易懂，朗朗上口。它们以其思想性、哲理性、文学性和通俗性而成为家训中的经典，千百年来代代流传。

● 三人行，必有我师焉

"三人行，必有我师焉"出自《论语·述而》，是孔子讲给弟子的话。

孔子一生学而不辍，他讲了很多关于学习的经典语录，比如，"学而时习之，不亦乐乎？""温故而知新"，"学而不厌，诲人不倦"，等等。

第一章　何谓家风家训

孔子有一个得意弟子叫子贡，十分尊崇老师的学识。有一次，鲁国有个大夫在别人面前贬低孔子，说子贡的学问比孔子高。子贡说："如果拿围墙来比喻学问，我家的围墙只有齐肩高，老师家的围墙却有万仞高，如果找不到门进去，你就看不见里面的富丽堂皇。能够找到门进去的人并不多。该大夫就是找不到门才那么讲，不也是很自然吗？"后来人们就用"万仞宫墙"这个成语来形容孔子学问渊博高深。古代曲阜城的正南门，因正对孔庙，也被称作"仰圣门"，门上题有"万仞宫墙"的匾额，为清朝乾隆皇帝御笔。

子贡在卫国当丞相时，公孙朝问他：孔子的学问是从何处学来的呀？子贡回答说：周文王和武王的教化成就，并没有完全失传，而是散布于民间。有才德的人能认识到其中的重要部分，普通人只能看到很少的部分，世间到处都可以看到文王和武王的教化成就。因此我的老师在哪里都能学习，又何必需要有固定的老师呢？从子贡的回答中我们可以看到，孔子随时随地都在学习，就像他所说的：

万仞宫墙

"三人行，必有我师焉"，所以他才有了那么渊博高深的学问。

与孔子同时代有个人叫孔圉（yù），是卫国的大夫。他不但聪明好学，更难得的是非常谦虚，遇到不明白的地方就虚心向知道的人请教，就算对方地位或学问都不如他，也不感到羞耻。孔圉死后被赐予"文公"称号，子贡对此很不服气，孔子却说："孔圉本就聪明，又勤奋好学，不耻下问，这是他最难得的地方，配得上'文公'这个称号。"成语"不耻下问"就出自此处，现在常被用来形容谦虚好学。

"三人行，必有我师焉"经常被后人用作教育子孙的家训或座右铭，并因此留下许多佳话。

知识卡片1-7

◎一字师

五代时期有一个叫齐己的和尚，一生酷爱写诗，《全唐诗》收录了他的诗作800余首，数量仅次于白居易、杜甫、李白、元稹而居第五。有一次，他写了一首《早梅》诗，其中有两句："前村深雪里，昨夜数枝开。"他自觉很得意，便拿给诗友郑谷看。郑谷看了后评点说："数枝梅花开已经相当繁盛了，不足以说明'早'，不如把'数枝'改为'一枝'更贴切。"齐己听了，认为改得很好，欣然接受，并向郑谷拜谢，后人便称郑谷为齐己的"一字师"。

● 有志者，事竟成

"有志者，事竟成"语出《后汉书·耿弇（yǎn）传》，作者是南朝宋时期著名史学家、文学家范晔。

范晔在《后汉书·耿弇传》中记载了这么一件事：东汉时，耿弇是汉光武帝刘秀手下的一员名将，他曾建议攻打地方豪强张步，平定山东一带。当时耿弇的军队才有四万人，而张步拥有二十万大军，兵多将广，非常难对付。光武帝一开始没有同意，后来在耿弇的坚持下勉强答应了。耿弇在与张步军队的战斗中右腿中箭，他便抽出佩剑把箭砍断继续战斗，终于打败了张步。光武帝为此赞叹道："有志气的人，事情终归是能成功的。"

后来，人们就常用"有志者，事竟成"来勉励自己或者后辈子孙，不管有多大的困难，只要能够坚定信心、百折不挠，就一定能够成功。

清末吴恭亨在他所著《对联话》中记载了一副广为流传的对联：

有志者，事竟成，破釜沉舟，百二秦关终属楚

苦心人，天不负，卧薪尝胆，三千越甲可吞吴

据记载，这副对联为明末抗清义军首领金声所作。金声（1589—1645年），字正希，号赤壁，徽州休宁人。他十一岁时投师受教，崇祯元年中进士，官翰林院庶吉士，后辞官回乡，专心著书讲学。清军入关后，金声同弟子率众在徽州起兵抗清时写下此联与众人共勉。联中讲到了越王勾践"卧薪尝胆"的故事。

春秋时期，在江浙一带有两个毗邻的国家——吴国和越国，两国间经常交战。

公元前496年，吴王阖闾派兵攻打越国，被越王勾践打败，伤重而死，他的儿子夫差继承王位，日夜加紧练兵备战，两年后，夫差又率兵把勾践打得大败。勾践被包围，走投无路之际，谋臣文种

对他说："吴国大臣伯嚭贪财好色，可以派人去贿赂他。"勾践听从了建议，就派他带着珍宝贿赂伯嚭，伯嚭答应和文种去见吴王。

文种见了吴王，献上珍宝，说："越王愿意投降，做您的臣下伺候您，请您能饶恕他。"伯嚭也在一旁帮文种说话。夫差认为越国已经不足为患，就答应了越国的投降，把军队撤回了吴国。吴国撤兵后，勾践带着妻子和大夫范蠡到吴国伺候吴王，放牛牧羊，终于赢得了吴王的欢心和信任。

三年后，勾践终于回到了越国，立志发愤图强，报仇雪恨。他怕自己贪图舒适的生活，消磨了报仇的志气，晚上就枕着兵器，睡在稻草堆上；他还在房子里挂上一只苦胆，每天早上起来后就尝尝苦胆，并让门外的士兵提醒他："忘了三年的耻辱了吗？"

然而那时的吴国还十分强大，勾践又听从文种的建议，命范蠡在越国找了八个美女送给吴王，其中就有我国古代传说中的四大美女之一的西施。此后，吴王夫差整天沉湎在酒色歌舞中，不理国政，吴国就此逐渐衰落下去，而越国在勾践的治理下日益强盛。公元前473年，勾践带兵攻打吴国，吴军大败，吴王夫差求和不成，拔剑自杀，吴国就此灭亡。

知识卡片1-8

◎西施

西施是我国古代民间传说中的四大美人之一。西施年幼时常在村外的溪边浣纱，鱼儿见了她的美貌都忘记了游动，纷纷沉入水底。后来人们就用"沉鱼"来形容女子的美貌。

和西施同村的一个女子叫东施，相貌丑陋，常听别人夸赞西施美貌。有一天，西施浣纱时突然觉得心痛，就捂着胸、皱着眉往家走。东施见了，也学着她的样子，在村子里走来走去，那样子更加难看，村里的人看到东施，都跑回家关上了门。后人就用"东施效颦"这个成语来比喻不顾自身实际，一味模仿别人，反而出丑。

在我国民间传说中，西施不仅天生美貌，还成了忍辱负重、为国献身的化身，正是因为她用美色诱惑迷倒了吴王夫差，使其沉迷酒色，不理国政，才导致了吴国灭亡。然而传说只是传说，唐朝诗人罗隐有一首诗说得好："家国兴亡自有时，吴人何苦怨西施。西施若解倾吴国，越国亡来又是谁？"

关于西施在吴亡后的归宿有很多种说法。明代戏曲作家梁辰鱼根据西施的故事创作了昆曲《浣纱记》，一时广为流传，至今仍是很多传统戏曲的经典剧目之一。戏中，西施与范蠡一起离开越国，隐居江湖，过上了美好的生活。

今浙江省绍兴市诸暨苎萝村据说是西施的出生地，存有"西施殿""范蠡祠""西施滩"等景点。

● 少壮不努力，老大徒伤悲

"少壮不努力，老大徒伤悲"出自汉代《乐府诗集·长歌行》，是我国古代民间智慧的结晶。

北宋时期，"唐宋八大家"之一的王安石写了一篇散文《伤仲永》。文中，王安石讲述了一个名叫"方仲永"的神童，小时候因父亲不让他学习而把他当作赚钱工具，最终沦落为一个普通人的故事，并以此告诫人们决不可单纯依靠天资而不去努力学习。多少年来，

"方仲永"的故事一直和"少壮不努力,老大徒伤悲"一道,被后人用作训子读书的经典。

知识卡片1-9

◎改革家王安石

王安石(公元1021年—1086年),字介甫,号半山,是我国北宋时期著名的政治家、文学家、思想家、改革家。

王安石出生在抚州临川(今江西省抚州市)的一个官宦家庭,自幼聪颖,酷爱读书。少年时期曾跟随作官的父亲到过许多地方,因而早早就接触到当时的北宋官场积弊,也体验到民间的疾苦。王安石二十一岁时进士及第,先后担任过扬州签判、鄞县知县、舒州通判等职,政绩卓著。熙宁三年(1070年),被宋神宗任命为"同中书门下平章事",位同宰相,主持推行新法,史称"王安石变法"。后因变法触犯了保守派的利益,遭到保守派的激烈反对而失败。

王安石

王安石还是著名的思想家。他立足儒家传统学说,兼采佛、道、法、墨等诸家学说之长,创立了"荆公新学",展现出开发兼容的博大胸襟和海纳百川的恢宏气度。作为变法的指导思想和理论基础,"荆公新学"一度成为北宋时期居于独尊地位的儒家学说,王安石本人也备受尊崇,一度比肩孟子,配享孔庙。

王安石也是著名的文学家,作为"唐宋八大家"之一,他除了散文外,在诗词上也有很高的成就,留下了许多传颂至今的名篇佳作。如:"爆竹声中一岁除,春风送暖入屠苏。"(《元日》);"春风又绿江南岸,明月何时照我还。"(《船泊瓜洲》);"不畏浮云遮望眼,自缘身在最高层。"(《登飞来峰》)等。

王安石一生致力于革除旧弊,富国强民,因而很少能看到关于他教育子孙方面的记载,但他的兄弟和子孙都勤奋读书,十分出色。王安石的弟弟王安礼、王安国学识渊博,长子王雱更是与他同朝为官,一生著作颇丰,叔侄三人被称为"临川三王",在当地传为佳话。因此有理由推测,《伤仲永》就是王安石写给其子孙们的家训文。

古人除了告诫子孙"少壮不努力,老大徒伤悲"外,也常常激励子孙大器晚成,后来居上。

崔琰是东汉末年名士,清河(今河北衡水)人。他小时候不爱读书,而是喜欢舞刀弄棒,剑法也很好,但学问上一窍不通。崔琰特别喜欢交朋友,在乡里也小有名气,他二十三岁的时候,有一次专程去拜访一个邻乡的名士,结果对方闭门不见,只让管家告诉他说:"主人正在潜心读书,无暇闲谈。"崔琰知道人家是嫌他没学问,感到无比羞愧,自此开始发愤读书,二十九岁时投到名儒郑玄门下,学问日益精进。

崔琰后来当了曹操的谋士,很受器重。曹操诸子中,曹植文采最为出众,曹操有心立其为太子,于是征求崔琰意见,崔琰说:"自古以来立长不立幼,并且五官中郎将曹丕仁孝聪明,应当承继大统。崔琰将用死来坚守这个原则!"其实曹植是崔琰的侄女婿,尽管是

亲属，崔琰也不偏袒。曹操对此十分佩服并重用他。

崔琰有个堂弟叫崔林，虽然很有才能，但毕竟年轻，很长时间都一事无成，亲友们对此议论纷纷，可是崔琰却依然很器重他，他以自己的经历对人说："有才能的人需要历练，崔林将来一定会有所成就的。"后来崔林果然不负所望，成语"大器晚成"即出于此。

据史料记载，崔琰体态雄伟，相貌俊美。曹操称魏王后，匈奴派使者来拜贺。曹操让崔琰代替自己接见使者，自己则扮作侍卫模样，手握钢刀，挺立在坐榻旁边。拜见完后，曹操让人去问匈奴使者印象如何。使者回答道："魏王俊美，丰采高雅。不过，坐榻旁边握刀的那个人气度威严，不是一般人可比的，那才是真英雄也！"

知识卡片1-10

◎乐府诗——中国古代民歌艺术的宝藏

"乐府"本是我国古代音乐机构的名称，正式成立于西汉武帝时期。汉乐府采集了大量的民间诗歌，后世称作乐府诗或乐府，由于语言简洁，文字优美，铺陈直叙，直抒胸臆，到魏晋六朝时，"乐府"成为一种带有音乐性的诗体名称。乐府诗激发了中国古代文人的诗歌创作热情，对后世中国诗歌的发展产生了巨大影响，在中国文学史上有着极高的地位，可与《诗经》《楚辞》相媲美。

乐府诗擅用重叠铺排手法，寓情于景，情景交融。如《江南》：
江南可采莲，莲叶何田田，鱼戏莲叶间。
鱼戏莲叶东，鱼戏莲叶西，鱼戏莲叶南，鱼戏莲叶北。

乐府诗也常借物抒怀，抒发感慨。如《长歌行》：

百川东到海，何时复西归？少壮不努力，老大徒伤悲！

乐府诗在情感表达方面往往直接而坦率，大胆而热烈。如《上邪》：

上邪！我欲与君相知，长命无绝衰。山无陵，江水为竭，冬雷震震，夏雨雪，天地合，乃敢与君绝。

乐府诗最大的艺术特色是它的叙事性，通过对环境、人物对话以及心理活动的描写烘托气氛，记录了那个时代的广大底层民众生活中的苦与乐、爱与恨，以及他们面对生与死时的态度，道出了他们的心声。

乐府民歌影响久远，是中国诗歌史上宝贵的财富。《木兰诗》和《孔雀东南飞》被誉为乐府民歌中的"双璧"。

● 行百里者半九十

"行百里者半九十"最早见于刘向《战国策·秦策五》，原文是："诗云：'行百里者半于九十'，此言末路之难。"

据说在当时流传着这样一个故事。战国末期，秦王嬴政在吕不韦、李斯等人的辅佐下，对内继续推行商鞅变法以来的各项政策，国力日益强盛，对外则采取远交近攻的策略，逐步向东扩张，蚕食六国地盘，几年下来，六国有的被灭，没有灭亡的实力也大大削弱，眼看统一中国的霸业指日可待，一直紧绷着神经的秦王嬴政反而放松了下来，把政事交给大臣去处理，自己整日寻欢作乐，躲在宫中享受起来。

这一天，正在饮酒玩乐的秦王嬴政接到侍卫通报，有一个年近

家风家训

九十岁的长者，从百里之外赶到京城，一定要面见秦王。嬴政觉得蹊跷，便亲自接见了老人。

老人进宫后，嬴政便问："你这么大的年龄，走了那么远的路，一定很辛苦吧！"老人回答说："是啊！我用了十天，走了九十里的路程；又用了十天，才走完了最后的十里路程，好不容易才走到了京城。"

秦王嬴政听后笑道："老人家你说错了吧？前十天就走了九十里，后来的十里路怎么就也走了十天呢？"老人回答说："是啊，前十天我一心赶路，所以精力充沛，但走了九十里以后，觉得快到京城了，就放松下来，那剩下的十里路似乎越走越长，就这样走走停停，一直走了十天才到达京城。这样说来，前面的九十里只能算是路程的一半。"

嬴政听了默然无语。老人接着说道："我就是想禀告大王，如今秦国统一天下的大业眼看就要完成了，但就像一百里路只走了九十里一样，仅仅才过去了一半，剩下的事情同样需要花更大的精力才能完成。如果现在放松下来，就会半途而废，前功尽弃！"

嬴政听后很受震动，从此不再松懈，最终灭六国，建立了中国历史上第一个统一的中央集权制国家——秦朝。

知识卡片1-11

◎万里长城

西周时期，为了防御北方游牧民族的袭击，开始在北方修筑烽火台等军事城堡。秦始皇灭六国后，为了维护和巩固空前统一的大秦帝国安全，开始大规模修建长城，其后历朝历代都

第一章 何谓家风家训

不断对长城进行修缮，明朝是最后一个对长城进行大规模修缮的朝代。我们现在所看到的长城大多为明朝时期修筑的。

万里长城

长城东起山海关，西到嘉峪关，全长一万三千多里，宛如一条巨龙盘踞在祖国北方，以其雄伟的气势和博大精深的文化内涵，吸引了历代文人志士。"不到长城非好汉"，对中国人来说，长城是意志、勇气和力量的象征，是中华民族大一统的标志。

1987年，长城被联合国教科文组织列为世界文化遗产。

"行百里者半九十"后来常常被人用来劝诫子孙刻苦读书，不要半途而废。

明代有个大文学家叫杨慎，他晚年写了一首很著名的词《临江仙》，后作为文学名著《三国演义》的开篇词而广为流传：

滚滚长江东逝水，浪花淘尽英雄。是非成败转头空。青山依旧在，几度夕阳红。

白发渔樵江渚上，惯看秋月春风。一壶浊酒喜相逢。古今多少事，都付笑谈中。

杨慎是四川新都人，他的曾祖父、祖父都是进士出身，到他父

杨慎画像（云南省博物馆藏）

亲杨廷和就更厉害了，不但考中进士，还官至内阁大学士，相当于宰相了。杨氏家族也被称为"一门七进士，宰相状元家"。

杨慎自幼聪慧过人，喜欢读书，他七岁时就能背诵很多诗词，被人称作"神童"，十一岁时能写诗作文，当时的大文豪李东阳看了后也称赞他"韵味不减唐宋词人"。在众人的一片赞誉声中，少年杨慎开始飘飘然了，整天和一帮人东游西逛，还美其名说是"游学"，实际上光游不学。杨慎十六岁时第一次参加乡试，结果名落孙山，这时他的父亲写信告诫他说：学问就像一座大山，你现在才不过走到了山脚下而已，怎么就能满足不前呢？古人都知道"行百里者半九十"的道理，何况你才刚刚起步而已。自此杨慎幡然醒悟，发愤读书，二十四岁时一举考中状元。明朝时候，大官的儿子如果考中进士，言官们就会怀疑其中有舞弊行为而弹劾，但杨慎考中状元却无人弹劾他的父亲杨廷和，不是因为他父亲贵为大学士，而是杨慎学问太渊博了，大家都一致认为状元就应该是他。

杨慎当官不长时间，后来因"大礼仪"事件遭当时嘉靖皇帝的忌恨，被流放云南三十多年。在放逐期间，他仍然关心民间疾苦，不忘国事。当时昆明一带豪绅以修治洱海为名，勾结地方官吏强占民田，敛财肥己，坑害百姓，杨慎写了《海门行》《后海门行》等诗痛加抨击，并写信给云南巡抚，制止了这种劳民伤财的所谓水利工程。

杨慎临终前曾写下"临利不敢先人,见义不敢后身"的自评,不仅为杨氏族人视作家训,也被后世许多仁人志士奉为行为准则。

● 良药苦口利于病,忠言逆耳利于行

"良药苦口利于病,忠言逆耳利于行"是张良劝谏汉高祖刘邦时说的话,记载于司马迁所著《史记·留侯世家》中。

张良是汉高祖刘邦的重要谋士。秦朝末年,刘邦率十万义军攻破峣关,在蓝田大败秦朝在关中的守军,率先攻入咸阳,秦王子婴出城献国玺投降,秦朝正式灭亡。刘邦进入秦朝的咸阳宫后,被宫中的美色和奇珍异宝吸引,打算住下来,跟随他的部将樊哙连连劝他出城到军营里住,但刘邦就是听不进去。张良就进宫对刘邦说:"秦二世荒淫无道,天下人都起来造反,所以沛公你才能攻入咸阳,你为天下人推翻暴秦,凭借的是清白俭朴的声望,现在你刚进入秦宫,就要贪图享乐,这就是'助纣为虐'。况且'良药苦口利于病,忠言逆耳利于行',你应该听从樊哙的劝告,尽快出城到军营里。"刘邦听了以后,虽然有些恋恋不舍,但他知道张良说的有道理,就离开秦宫,回到军营里去住了。

此后,刘邦为了取得民心,又把关中各县有影响力的长者召集到一起,宣布:杀人者要处死,伤人者要抵罪,盗窃者也要判罪!除此之外,秦朝的苛法全部废除,史称"约法三章"。通过这些措施,刘邦得到了百姓的拥护和支持,最终打败了项羽,建立了西汉王朝。

刘邦曾评价自己说:"运筹帷幄之中,决胜千里之外,我不如张良;管理国家,安抚百姓,筹集粮饷,我不如萧何;率领百万大军,战必胜,攻必克,我不如韩信。"刘邦之所以能取得天下,在于他

善于用人，并能听取别人的批评和意见。因此，后世人们常把"良药苦口利于病，忠言逆耳利于行"作为训己和劝人的警言。

唐朝时，唐太宗李世民是一个开明的皇帝。大臣魏征以直言敢谏闻名，据《贞观政要》记载，魏征向李世民面陈谏议有五十次，呈送给李世民的奏疏十一件，一生的谏净多达"数十余万言"，其次数之多、言辞之激切、态度之坚定，是其他大臣难以相比的。魏征死后，李世民痛心地说："以铜（古代以铜铸镜）为镜，可以端正衣服和帽子；以历史为镜，可以知道朝代兴亡更替的道理；以人为镜，可以明辨自己的成就和过失。现在魏征逝去，我失去了一面'镜子'呀！"

魏征

古往今来，很多成就大事业的人都善于听取批评意见，因为他们知道这样能让自己更优秀。

晏子是春秋时期齐国著名政治家、思想家和外交家，他手下有一个叫高缭的官员，三年来一直小心谨慎、勤勤恳恳地做事，从不提出不同的意见，但晏子却罢免了他。有人为此鸣不平，晏子说："我是个有很多缺点的人，全靠大家指出来让我改正，但高缭跟随我都三年了，从没纠正过我一次错误，所以才罢免了他。"

三国时东吴名将吕蒙原来是个有勇无谋的人，有一次，孙权对他说："你现在担任重要职务了，不可以不读书！"吕蒙推托军中事务繁多。孙权说："我只是让你多读书了解历史罢了。你难道还能比我忙？我都经常读书，获益很多。"吕蒙于是开始读书，后来鲁肃和他一起议事，十分吃惊地说："'士别三日，当刮目相看'，吕蒙现在的才干和谋略，早已不再是原来那个没有学识的大老粗了！"

● 腹有诗书气自华

"腹有诗书气自华"是宋代著名诗人苏轼《和董传留别》诗中的一句。

苏轼和董传刚认识时，苏轼已是进士及第，名动京城，而董传只是个默默无闻的穷学子，但这并不妨碍他们成为朋友。

苏轼喜欢诗，董传也喜欢诗，他们在一起谈论杜甫，苏轼说杜甫有时也不免落入俗套，像"已知仙客意相亲，更觉良工心独苦"这一句就是。董传笑道："这话也就是你才能说出来，普通人哪里能理解得这么深呢？"

苏轼西去凤翔府（今陕西咸阳凤翔区）上任。他给董传写信说：这里很好，有黄土高坡、有高亢的秦腔。但董传却明白，苏轼在说：那里没有诗文，没有朋友。于是董传离开京城来到凤翔，只为陪伴朋友。

寒来暑往，董传不得不回京城应试。苏轼知道他满腹经纶，也知道他即使再穷也不会去曲意逢迎他人，就给在京城作官的朋友写信，托其照顾董传的生活。信中还称赞董传："文字萧然，不染尘世。至于诗和楚词，放眼当今，能比得上他的也不会超过几个人。"

董传要走了，他给苏轼写了一首诗《留别》。苏轼读了，也写了一首诗——《和董传留别》：

粗缯大布裹生涯，腹有诗书气自华。

厌伴老儒烹瓠叶，强随举子踏槐花。

> 囊空不办寻春马,眼乱行看择婿车。
>
> 得意犹堪夸世俗,诏黄新湿字如鸦。

诗中,苏轼称赞董传"腹有诗书气自华",粗布衣服也掩盖不住他光彩夺人的气质,并预祝他金榜题名,"诏黄新湿字如鸦"。

此后,"腹有诗书气自华"就被人用作激励自己和他人读书上进的经典名句。

其实,认真考究起来,苏轼的这句"腹有诗书气自华"应该是脱胎于唐代著名文学家韩愈的家训诗《符读书城南》。

韩愈(公元768—824年),字退之,河南河阳(今河南省孟州市)人,自称郡望昌黎,世称"韩昌黎"或"昌黎先生"。

韩愈是唐代著名的文学家、思想家和诗人。他提出"文道合一""文从字顺"的写作理论,倡导发起唐代古文运动,被后人尊为"唐宋八大家"之首,与柳宗元并称"韩柳"。

韩愈还是一位教育家。他力改当时"耻为人师"的风气,广招学子,亲授学业,留下了《师说》《进学解》等论说师道、激励后世和提携人才的文章,对当时及后世的教育都产生了很大影响。

韩愈幼时父母双亡,生活孤苦,由兄嫂抚养长大,后刻苦读书,考中做官后才过上了舒适的生活。韩愈十分重视对子侄的读书劝学教诲,为了让儿子专心读书,韩愈把他送到城南的农庄,并写了《符读书城南》一诗训诫("符"是其子小名)。诗中有这么几句:"人之能为人,由腹有诗书。诗书勤乃有,不勤腹空虚。"与苏轼诗同义。韩愈居"唐宋八大家"之首,苏轼曾赞:"唐之古文,自韩愈始。"因此,有理由说,苏轼的"腹有诗书气自华"是受韩愈家训诗启发而成的。

● 天下兴亡，匹夫有责

"天下兴亡，匹夫有责"的理念最早是由明末清初著名思想家顾炎武提出来的，记录在其《日知录·正始》中。原句是："保国者，其君其臣肉食者谋之；保天下者，匹夫之贱与有责焉耳矣。"以八字成文的语型，则出自于近代思想家梁启超。

顾炎武出生在明朝末年，清兵入关后，他曾组织反清活动。明朝灭亡后自称"明遗民"，拒绝清廷征辟，一生辗转，行万里路，读万卷书，创立了一种新的治学方法，成为明末清初继往开来的一代宗师。

顾炎武一生手不释卷，据说他出门时总是骑着一头跛驴，用二匹瘦马驮着几箱书。遇到边塞关隘，就叫一直跟随他的退役老兵去打探所到之处的详细情况，有时发现了解到的情况与平日里知道的不符，就停下来打开书本核对校正。走在平路上时，他就在驴背上背诵经典及其注解；偶尔有什么遗忘，等到客店后就第一时间打开书仔细认真地复读。就这样，顾炎武终于成为学问渊博的大家。

顾炎武倡导"经世致用""利国福民"的儒家思想，其"天下兴亡，匹夫有责"的爱国名言激励了一代又一代中国人，"戊戌六君子"之一林旭就是其中的杰出代表。

林旭（公元1875—1898年），字暾谷，号晚翠，福建侯官（今福州）人。林旭自小父母双亡，由叔叔抚养长大成人，他少年时博闻强记、聪慧好学，有"神童"之称。成年后两次赴京参加会试，均未考中，以举人身份分配到内阁中书当秘书。中日甲午战争失败后，清政府被迫签订了丧权辱国的《马关条约》。值此国家和民族危亡的紧要关头，林旭投身到救亡图存、振兴中华的维新变法运动中。

康有为在京组织保国会，林旭为该会奔走呼号，是创始人之一。1898年，他发起并动员在京的福建籍维新人士成立了闽学会，传播西学。

同年，清光绪皇帝实行"戊戌变法"，林旭与谭嗣同、杨锐、刘光第四人被授予四品军机章京，参与新政事宜。变法失败后被捕入狱；9月28日与谭嗣同等六人被杀害于宣武门外菜市口，时年仅二十三岁。

林旭的妻子沈鹊应是清代爱国名臣沈葆桢之孙女，也是民族英雄林则徐的曾孙女。她深明大义，曾与林旭共同师从陈书，学习诗词，二人恩爱有加。林旭死后，沈鹊应悲痛万分，写了《浪淘沙》一词悼夫，两年后终因悲哀过度而病亡。

浪淘沙

报国志难酬，碧血谁收？箧藏遗稿自千秋。肠断招魂魂不到，云暗江头。

绣佛旧妆楼，我已君休，万千悔恨更何由。拼却眼中无限泪，共水东流。

● **流自己的汗，吃自己的饭，自己的事情自己干，靠天靠人靠祖宗，不算是好汉。**

这首浅显易懂而又发人深省的打油诗，是清代著名书画家、文学家郑板桥留给儿子的遗训。

郑板桥（1693—1766年），原名郑燮，江苏兴化人，板桥是他的号，因为人所熟知而称作郑板桥。他出生时已家道中落，生活十分拮据。三岁时母亲去世，全靠乳母费氏抚养成人，好在乳母费氏是一位善良、勤劳、朴实的劳动妇女，给了郑板桥悉心周到的照顾和无微不至的关怀，成了他生活和感情上的支柱。

郑板桥的父亲是一个私塾先生，因而他自小就随父亲读书，八岁时就能作文联对，二十岁时考中了秀才，踌躇满志的郑板桥带着经世济民的美好愿望踏上了博取功名的道路。然而，命运似乎对他格外"关照"，屡试不中的郑板桥为了养家糊口，不得已继承父业，做了一个私塾先生。

郑板桥三十岁的时候，再一次遭受了生活的打击，父亲去世，私塾也办不下去了，无奈之下，他只好背井离乡来到扬州，以卖画为生。也正是在这里，郑板桥开始以诗画扬名，成为"扬州八怪"之一。

郑板桥的"怪"颇有点民间传说中活佛济公的味道，"怪"中含几分真诚，几分幽默，几分酸辣。比如，每当他看到贪官奸民被游街示众时，便会画一幅画挂在犯人身上作为围屏，以此吸引观众，借以警醒世人。

郑板桥的"怪"还体现为他是中国画家明码标价卖画的第一人，而不像历来文人画家那样扭扭捏捏，犹抱琵琶半遮面。他在门前贴出公告，明示："大幅6两，中幅4两，小幅2两，条幅对联1两，扇子斗方5钱。凡送礼物食物，总不如白银为妙；公之所送，未必弟之所好也。送现银则心中喜乐，书画皆佳。礼物既属纠缠，赊欠尤为赖账。年老体倦，亦不能陪诸君作无益语言也。"在最后还附了一首诗："画竹多于买竹钱，纸高六尺价三千。任渠话旧论交接，只当秋风过耳边。"

五十一岁的时候，卖画的郑板桥终于变成了作官的郑板桥了，他先后被派到范县和潍县当县令。但他还是把自己看作一个老百姓，他外出不坐轿子，不鸣锣开道，不许打"肃静""回避"的牌子，常常身着便服，脚穿草鞋到乡下察访。夜间巡查也仅是由一仆人提着写有"板桥"二字的灯笼在前引路。潍县七年中有五年遭遇蝗旱灾害，郑板桥就责令地方豪强大户轮流设粥棚救助饥民，他还严打囤积居奇者，并不惜违令打开官仓救灾。他曾写诗道：

衙斋卧听萧萧竹，疑是民间疾苦声；

些小吾曹州县吏，一枝一叶总关情。

六十一岁的时候，郑板桥看厌了官场的献媚逢迎，受够了同僚的冷落排挤，带着一肚皮的不合时宜辞去官职。辞官后的郑板桥再次回到扬州，重操旧业卖起画来。当然，这时的他已不用再为生计发愁了，于是他的书、他的画、他的字都透出几分世事洞明的禅意来。

郑板桥一生只画兰、竹、石，自称"四时不谢之兰，百节长青之竹，万古不败之石，千秋不变之人"。而他笔下的竹石何尝不是他一生的写照：单株伫立，离群萧索，在磨难中也不堕气节，如磐石般坚强，任狂风暴雨，依然挺立。

《竹石》（清·郑板桥）

郑板桥《难得糊涂》拓片（潍坊市博物馆藏）

竹石

清·郑板桥

咬定青山不放松，立根原在破岩中。

千磨万击还坚劲，任尔东西南北风。

第二章
为什么会有家风家训

> 有文化教养的人能在美好的事物中发现美好的含义。这是因为这些美好的事物里蕴藏着希望。
>
> ——王尔德

家风家训

在中国几千年的文明史上,人们从来就没有停止过追求真善美的脚步。

中华民族自古以来就重视美德的培养。早在西周时期,周文王的母亲太任在怀周文王的时候,就不看不高雅的东西,不听低俗无韵律的声音,不讲粗鲁无礼的语言,言行举止端庄得体,以此来培育周文王的品德,这有点像现在的"胎教"。

到春秋时期,孟子的母亲先后三次搬家,最后将家安在学校附近,孟子也在这种环境的熏陶下养成了守秩序、懂礼貌、喜欢读书的品德,成为中国古代著名的哲学家、思想家、政治家、教育家。

战国时期,儒家思想逐步流传开来。自汉武帝"罢黜百家、独尊儒术"之后,仁、义、礼、智、信等儒家思想成为中国社会思想道德的主流,就个人而言,儒家所倡导的"修身齐家治国平天下"也成为中国人道德追求的最高境界。

中国传统文化认为,"人之初,性本善","性相近,习相远",美德的养成必须从小开始。在中国传统家庭中,家庭教育就是美德教育,家风和家训就是家庭美德教育的产物,是中华民族几千年集体智慧的结晶。

曾子杀猪铸诚信

中国古时候有一个著名的思想家,叫曾参。他十六岁的时候拜孔子为师,对儒家学说的传播和发展起到了重要作用,被后人尊称

第二章　为什么会有家风家训

为曾子。

曾子的父亲早年也是孔子的弟子。曾子才两三岁的时候，父亲就教他识字，等他长大了，父亲更是对他严格要求，稍有差错便棍棒伺候。有一次，曾子随父亲去地里锄草，不小心把瓜秧锄断了，父亲就用大棒把他打昏在地里，这件事让曾子记忆犹新，还专门去请教孔子。孔子反对他父亲这种野蛮粗暴的教育方式，主张父母应该循循善诱，以自己的身体力行来影响和教育孩子，这让曾子十分敬佩。

等到曾子娶妻生子以后，他在教育自己的孩子和学生时从来都是以身作则，说到做到。有一次，曾子的妻子要到集市上去，他们的小儿子闹着非要跟着去。他的妻子对孩子说："你如果听话，留在家里，我回来后就杀猪给你吃。"儿子信以为真，便回去了。

妻子从集市上回来，看到曾子正在院子里准备杀猪，就阻止他说："我只不过是跟儿子开个玩笑罢了，你怎么当真了？"曾子说："儿子还小什么都不懂，他只会学习父母的行为，听从父母的教导。你如果欺骗了他，就是在教育他长大后欺骗他人。母亲欺骗儿子，儿子于是不相信自己的母亲，这不是教育孩子的正确方法啊！"

"言必行，行必果。"曾子的一言一行体现了中华民族的传统美德。在他言传身教的感染下，他的儿子和弟子们也都养成了诚实守信的良好品德，并且十分尊重和孝敬他。

知识卡片2-1

◎曾子

曾子（公元前505年—前435年），名参，字子舆，鲁国南

家风家训

武城（今山东嘉祥）人。

曾子是孔子晚年弟子之一。他勤奋好学，参与编写了《论语》，并撰写了《大学》《孝经》《曾子十篇》等作品，对孔子的儒学思想既有继承，又有发展和建树，在儒学发展史上发挥了承上启下的重要作用，被后世尊为"宗圣"。

曾子奉行"以孝为本"，他本人对母亲也十分孝顺，《二十四孝》中有一个"啮指痛心"的故事，讲的是有一天曾子去山里砍柴，很长时间都没有回来，曾子的母亲情急之下咬自己的手指，曾子忽然感觉到心口疼痛，匆忙回家，才知道是家里来了客人，母亲心焦于他。

曾子倡导"士不可以不弘毅，任重而道远"。他提出的"修身齐家治国平天下"的儒家思想，成为后世许多仁人志士毕生的追求。

钱镠爱妻传家风

钱镠（公元852年—公元932年），杭州临安（今浙江临安）人，中国唐代吴越王。

钱氏家族自钱镠以来，历朝历代皆有俊杰。到了近代，更是涌现出了"中国导弹之父"钱学森、"中国原子弹之父"钱三强、"中国近代力学之父"钱伟长等卓越人才，吴越钱氏家族被公认为"千年名门望族，两浙第一世家"。

钱镠作为吴越钱氏家族鼻祖，追溯其一生，极为励志。他弱冠时以贩卖私盐为生，二十四岁转而投军，之后平定各地叛乱，一路青云直上，直至封为吴王。

当时，唐末五代藩镇割据，战乱频频，钱镠采取保境安民和休兵息民的战略方针，重农桑、兴水利，使两浙之地长期稳定发展，"上有天堂，下有苏杭"的美誉流传至今。

钱镠不仅是一个受民众爱戴的好君王，更是一位对夫人款款深情、敬爱有加的好丈夫。他的夫人吴氏因思念父母，每年春天都要回娘家探望侍奉双亲，并住上一段时间。每逢吴氏省亲，钱镠都非常想念，甚至因担心山高路远，夫人轿舆不安全、行走不方便，还专门派人在她回乡前铺石修路、加设栏杆。

一年春天，吴氏又回娘家。钱镠眼看春色将尽，想到与夫人已多日不见，不免生出太多思念，于是回到宫中，写了一封信让人送与吴氏，"陌上花开，可缓缓归矣"。寥寥几语，却情真意切，细致入微，倍感温馨。

在男尊女卑的古代中国，钱镠能如此深沉而专注地爱着对方，尤为可贵。"陌上花开，可缓缓归矣"成为后来无数文人墨客争相写诗填词的灵感来源，也演变成一种尊妻爱妻的家风在钱氏家族延续了下来。

钱镠临终前留下十条家训，虽世代更迭，但钱氏家族家训中"父母伯叔孝敬欢愉，妯娌弟兄和睦友爱。娶媳求淑女，勿计妆奁，嫁女择佳婿，勿慕富贵"等美德却一直流传下来。钱学森的妻子蒋英，就是一位贤惠的妻子、慈爱的母亲，在钱学森苦闷时，她始终相伴左右。钱伟长的夫人孔祥瑛是孔子第七十五代孙，曾任清华附中校长，他们两人相濡以沫，在钱伟长最落魄的日子里仍不离不弃。钱钟书给杨绛的评价则更高：最才的女，最贤的妻。

班昭为女著《女诫》

班昭是东汉时期中国著名的女史学家。她的父亲班彪、哥哥班固也是我国古代著名史学家,另一个哥哥班超则投笔从戎,出使西域,立下了不朽的功勋。

班昭自幼聪颖,勤奋好学,在家庭的熏陶下,成为远近闻名的才女。她的哥哥班固在写《汉书》时,还剩下《八表》及《天文志》两篇没有写就去世了,班昭接替哥哥写完了剩下的部分,由于写的很好,被世人尊称为"曹大家(gu)"(班昭的丈夫姓曹)。当时的汉和帝非常欣赏班昭的才华和她优雅的举止,多次征召她进宫,教导嫔妃们学习经史和行止礼仪。

班昭也是一个慈爱的母亲。在她五十多岁时,有一次得了重病,担心自己不久于人世,想到女儿还没有出嫁,班昭怕女儿将来出嫁到了夫家以后,因言行不合礼仪而被人耻笑,待人接物不周而被人小瞧、不受尊重,于是便抽时间写了《女诫》,并让女儿抄写下来,认真学习,想让女儿也能像自己一样受人尊重,过上安定幸福的日子。

《女诫》本是班昭为教导女儿写的,但由于她的名气太大,写的又很好,时人争相传阅,纷纷效仿。后世理学家将班昭的《女诫》奉为教育女性的圭臬。

班姬续史(清·黄山寿)

刘备为子留遗训，可叹枉付一片心

《三国演义》的故事大家都已经耳熟能详。小说中的刘备成了维护正统、以德服人、草根逆袭的正面典型。他立志匡扶汉室，与关羽、张飞等人桃园结义，建立起自己的队伍，他礼贤下士，三顾茅庐，请诸葛亮出山，后来在诸葛亮等人的辅佐下，建立了蜀汉政权。

应该说，历史上真实的刘备确实是一个成功的政治家，但在子女的家庭教育上，他又是一个不折不扣的失败者。

刘备，字玄德，涿郡涿县（今河北省涿州市）人。他的祖父曾经被举为孝廉，不过也只是当过一个县令的小官，他的父亲又早亡，所以到了刘备这一代，家道更是衰落。刘备小时候和母亲以编织席子和贩卖草鞋为生，生活非常艰苦，但他胸怀大志，不甘平庸。他家房前有一棵高大的桑树，树荫茂盛，远远看去就像古代达官贵人所乘坐的马车车盖一样，刘备就对一起玩耍的小伙伴说："我将来一定会坐上像这样的华丽马车。"一个刘姓族人正好路过，听到后大为惊奇，认为他不同凡响，就出钱资助刘备拜当地一个曾当过太守的经学家卢植为师，读书求学。

但刘备天性就不爱读书，而是喜欢结交豪杰人士，也喜欢骑马、音乐和华丽的衣服，这种基因估计也遗传给了他的儿子刘禅。由于长年征战，刘备顾不上对儿子进行教育，加之只有这一个儿子，不免有点溺爱，导致刘禅不学无术，胸无大志。建立蜀国以后，生活稳定了下来，刘备为了让儿子增长见识，就将诸葛亮亲自抄写的《管子》《韩非子》《六韬》等书拿来让刘禅读，还请伊籍当刘禅的老师，教授他《左传》，然而诸葛亮、伊籍等人还要忙着处理政务，加上刘禅也不爱学习，而且从刘禅后来的表现看，应该说是没好好读书。

家风家训

刘备在临死之前，担心以后刘禅没人管束，玩物丧志，就给儿子写了一封遗书，主要意思是告诉儿子刘禅要认真读书，认真理政，远离低级趣味，养成良好的品德。刘备遗书中有句话至今仍在流传，就是："勿以恶小而为之，勿以善小而不为。"

刘备死后，刘禅继位，史称后主。刘禅昏庸无能，早把父亲的话抛到了一边，整天吃喝玩乐，什么事也不干，国家大小事务全靠诸葛亮来处置。诸葛亮死后不久，蜀国便为魏国所灭。

刘禅小名阿斗，后人由此感叹道：真是扶不起的阿斗！

知识卡片2-2

◎成语"乐不思蜀"的由来

三国时期，刘备建立了蜀国。刘备死后，其子刘禅继位。

公元263年，蜀国被魏国所灭，蜀后主刘禅投降，魏王曹髦（máo）为了笼络人心，将他安置在魏国京都许昌居住，并封了他一个无职无权的"安乐公"称号。

当时魏国实际掌权的是司马昭兄弟。为了试探刘禅是否怀有复国之心，有一次司马昭专门宴请刘禅，并安排人表演蜀地的歌舞给他看。跟随刘禅的人看了歌舞都不免触景生情，难过得直掉眼泪，司马昭看了看刘禅，见他看得正高兴，还咧着嘴笑，就故意问他："你还想不想回到蜀地呢？"刘禅撇了撇嘴说："此间乐，不思蜀。"意思就是：在这里很快乐，我才不想再回蜀地呢。

后来，人们就用"乐不思蜀"这个成语来比喻追求享乐、不思进取的人。

苏氏父子文名扬

北宋时期,有个大文学家叫苏轼,也叫苏东坡,"西湖十景"中的苏堤,就是他在杭州任知府的时候主持修筑的。

三苏父子像

苏轼的父亲苏洵属于大器晚成的人物,《三字经》里的"苏老泉,二十七,始发愤,读书籍"说的就是他。苏洵出生在四川眉山一个富庶的农户家庭,他小时候十分贪玩,不喜欢读书,青年时代仿效李白游历祖国的名山大川,走了不少地方,虽然没有时间读书,但也开阔了他的视野,增添了人生阅历。但这在当时的普通人眼里却是不务正业,如果就这么一直下去,世上又多了一个游手好闲的浪荡子而已。

转折源自于一个女人的到来和一个孩子的降生。这个女人就是苏轼的母亲程氏。程氏出生于官宦家庭,从小就接受了良好的家庭教育,喜欢读书,通晓经史,最主要的是她欣赏苏洵的才华,富有远见卓识,对苏洵游学四方默默给予支持,以柔弱的身躯担负起养家糊口的重任,她在眉山城南租了房舍,经营布帛织物补贴家用,

生活再艰难她也不向娘家开口，以免苏洵难堪。

公元1037年，二十七岁的苏洵迎来了自己第一个儿子的降生，这个孩子就是苏轼。这时候的苏洵才意识到自己应该担负起家庭的责任，于是他幡然悔悟，发愤读书。两年后，他的另一个儿子苏辙出生，之后很多年，在苏家经常可以看到父子三人闭门读书的情景。也许是天意使然，苏洵曾多次参加科举考试，但都名落孙山，于是决定不再把时间浪费在应试上，潜心研读先贤经典，集中精力培养两个儿子的文学修养。苏轼在《送安敦秀才失解西归》一诗中曾这样写到："我昔家居断还往，著书不暇窥园葵"，说的是闭门读书，和亲友往来都断绝了，也顾不上看一眼院子里的花。他的弟弟苏辙后来也在给他的《初发彭城有感寄子瞻》一诗中回忆道："念昔各年少，松筠闷南轩。闭门书史丛，开口治乱根。"描写的就是兄弟二人在父亲苏洵的教导下同读同学的情形。

公元1056年，带着自己多年来写的文章，苏洵和两个儿子一起来到了京城，似乎是命运对苏家的垂青，第二年，苏轼和弟弟苏辙一同考中进士，而苏洵的文章也被当时的文坛领袖欧阳修等人大加推崇和赞赏，一时间，"三苏"文章轰动京城，父子三人名满天下。

苏氏父子三人中，尤以苏轼在文学方面的成就最高，他在文、诗、词三方面都达到了极高的造诣，堪称宋代文学成就的顶峰。他的很多诗词至今仍广为流传。如：

水调歌头·明月几时有

　　明月几时有？把酒问青天。不知天上宫阙，今夕是何年？我欲乘风归去，又恐琼楼玉宇，高处不胜寒。起舞弄清影，何似在人间？

　　转朱阁，低绮户，照无眠。不应有恨，何事长向别时圆？人有悲欢离合，月有阴晴圆缺，此事古难全。但愿人长久，千里共婵娟。

题西林壁

横看成岭侧成峰，远近高低各不同。

不识庐山真面目，只缘身在此山中。

苏轼在散文方面的成就更高，其代表作《赤壁赋》在中国文学史上有着很高的地位，并对之后的赋、散文、诗都产生了重大影响。他和父亲苏洵、弟弟苏辙同列"唐宋八大家"之中，苏氏父子也有"一门三学士"之誉。

知识卡片2-3

◎古文运动与唐宋八大家

自汉朝末年起，到魏晋南北朝时期，文坛上盛行骈文。骈文由于过于讲究排偶、辞藻、音律、典故的运用，因而对写作者和阅读者的要求都很高。比如我们所熟知的唐代著名诗人王勃的《滕王阁序》，被誉为"天下第一骈文"，全文773个字，成语典故合起来就有70多个。但更多的时候，骈文作为一种文体，由于脱离了普通大众，已经成了文学发展的障碍。

唐朝，以韩愈、柳宗元为代表，主张"文以载道"，掀起了提倡古文、反对骈文的文体革新运动。"古文"是相对于骈文而言的，由韩愈最早提出，主要是指先秦及两汉时期的散文文体。到北宋时期，以欧阳修为代表的一些文人继承韩愈、柳宗元的观点，主张对诗文进行革新，掀起了一次新的古文运动。他们用平实自然的文字写出了不少优秀的山水游记、寓言、传记、杂文等作品，对后世的散文发展产生了深远的

影响。

唐宋古文运动的代表人物除了唐代的韩愈、柳宗元外，宋代主要有欧阳修、曾巩、王安石，苏洵、苏轼、苏辙，后人把他们统称为"唐宋八大家"。

为国选才醉翁情

以天下为己任，是中国古代仁人志士的毕生追求，欧阳修就是其中的杰出代表之一。

欧阳修（公元1007年—1072年），吉州永丰（今江西省吉安市永丰县）人，字永叔，号醉翁，北宋时期著名政治家、文学家、诗人。

欧阳修年幼时饱尝世间冷暖和生活的艰辛，这也让他养成了忧国忧民的良好品德，步入官场后，面对北宋社会积贫积弱、贫富差距拉大的现实，欧阳修力主革新，曾与范仲淹等人推行"庆历新政"，但遭守旧派的阻挠，被贬滁州。在这里，他写下了不朽名篇《醉翁亭记》。

欧阳修一生为官清正，同时又十分注重选拔和培养人才。嘉祐二年（公元1057年），欧阳修主持礼部考试，考生当中，二十出头的四川学子苏轼并没有什么名头，但是却文思泉涌，下笔如有神，很快就完成了一篇《刑赏忠厚之至论》。欧阳修一口气读完，连呼妙哉。对于苏轼的才华，欧阳修极为称赞，在他写给梅尧臣的信中是这样说的："读轼书不觉汗出，快哉快哉，老夫当避路，放他出一头地也。"成语"出人头地"就是由此而来的。

欧阳修主政时期不徇私情，提携后辈，甘当人梯，被誉为"千古伯乐"。苏轼、苏辙、曾巩等文坛巨匠，张载、程颢、吕大钧等一代大儒成名天下，都与欧阳修的赏识密不可分。"唐宋八大家"，宋代五人均出自他的门下，可以说，欧阳修高尚的道德情怀和为国选才的用人理念奠定了北宋文化盛世的基础。

醉翁亭

作为北宋文坛领袖，欧阳修除了诗文成就极高外，还开辟了金石学，成为现代考古学的前身。他著有《集古录跋尾》十卷四百多篇，编辑和整理了周代至隋唐的金石器物、铭文碑刻上千件，是我国现存最早的金石学著作。

知识卡片2-4

◎爱国女词人——李清照

李清照（公元1084年—1155年），号易安居士，齐州章丘（今山东章丘）人，宋代著名女词人，婉约派的代表，被誉为"词国皇后"。

李清照出生于书香门第，自小文采出众。她擅长书、画，通晓金石，早年曾与丈夫赵明诚（宋代著名金石学家）致力于书画金石的搜集整理，共同撰写了中国最早的金石目录和研究专著《金石录》。相比而言，李清照在诗词上的成就更大，影响也更为深远。

李清照早年生活优裕，因而她的词更多地走向了婉约派的路子，侧重儿女风情，清新自然而又富有音乐美。如《一剪梅·红藕香残玉簟秋》：

红藕香残玉簟秋。轻解罗裳，独上兰舟。云中谁寄锦书来，雁字回时，月满西楼。

花自飘零水自流。一种相思，两处闲愁。此情无计可消除，才下眉头，却上心头。

金军南侵后，李清照被迫南渡，国破家亡加之生活困顿，李清照的诗词风格发生了很大的变化，她的写作转为对现实的忧患和弘扬爱国精神，词风也呈现出笔力横放、铺叙浑成的豪放风格，对后世词人如辛弃疾、陆游等都产生了较大影响。如她的《夏日绝句》：

生当作人杰，死亦为鬼雄。

至今思项羽，不肯过江东。

缇萦救父勇上书

谁说女子不如男！西汉时期，有一个叫缇萦的小姑娘，她奔行千里上书救父，感动朝廷废除"肉刑"，她的名字和事迹被司马迁载入了《史记》中。

缇萦的父亲淳于意是临淄（今山东淄博）人，曾担任过太仓令的官职，当时人称"仓公"。淳于意深深厌恶那些整天吃喝玩乐的王公大臣和达官贵人，同情普通百姓的生活疾苦。由于自小就喜欢医术，淳于意辞去官职，四处求教名师学医，后来他拜公孙光和阳庆为师，成为扁鹊医术的嫡系传人。行医后的淳于意不辞劳苦，奔波在乡村田野，为百姓看病开药，解除疾病痛苦。

随着经验的积累，淳于意的医术越来越高明，名声也越来越大，于是一些达官贵人就想请他去自己家里专门为他们治病。由于厌恶这些人平日作威作福、欺压百姓的行为，淳于意毫不犹豫地拒绝了，这让那些达官贵人怀恨不已，于是他们诬陷淳于意在当太仓令时有受贿行为。按当时的刑法，淳于意应当被押解到京城长安（今陕西西安）判处肉刑（肉刑就是割去鼻子、或砍掉手脚等）。

淳于意没有儿子，但有五个女儿。押解他走的时候，妻子和女儿都跟着刑车哭个不停，淳于意又气又恨，感叹道："生女不生男，危急时连个帮忙的都没有。"缇萦是淳于意最小的女儿，当时才刚刚十五岁，听了父亲的话，想到父亲敢于拒绝那些显贵，一心只为百姓，当即做了一个惊人的决定：进京救父。她擦干眼泪，跑回家简单收拾了行李，就随着父亲的囚车步行千里，一同来到了京城。

到了长安，淳于意被关进了牢房里，缇萦则写了一封给皇帝的书信，跪在宫门前。缇萦是这样写的："我的父亲在当官时，齐地的人都说他清廉正直，现在他遭诬陷将要被处以肉刑，我为此感到十分悲痛，受过肉刑的人不能再长出新的肢体，即使想要改过自新也不可能做到。我愿意舍身到官府去做奴婢来赎父亲的罪，让他有改过自新的机会。"当时的汉文帝崇尚孝道，看了缇萦的上书后，为她的一片孝心所感动，当即释放了淳于意，并专门召集大臣开会讨论，废除了肉刑。

一个小姑娘，千里进京，上书救父，缇萦以其非凡的勇气和胆识让人钦佩！为此，东汉史学家班固曾写诗赞到：

三王德弥薄，惟后用肉刑。
太仓令有罪，就递长安城。
自恨身无子，困急独茕茕。
小女痛父言，死者不可生。
上书诣阙下，思古歌《鸡鸣》。
忧心摧折裂，晨风扬激声。
圣汉孝文帝，恻然感至情。
百男何愦愦，不如一缇萦。

知识卡片2-5

◎神医扁鹊

扁鹊（生卒年不详），姓秦，名越人，春秋战国时期名医，扁鹊是对他的尊称，意思是他经常深入民间为百姓治病，像喜鹊一样给人带来福音。

扁鹊是中医学的开山鼻祖，创造了"望、闻、问、切"的中医诊断方法。在《韩非子》中记载了这么一件事：扁鹊来到蔡国进见蔡桓公，他认真看了看，说："大王你有病，在肌肤里。"蔡桓公听了很不高兴，让扁鹊退了出去，还对手下说："当医生的就爱把没病也说成有病，来显摆他的本领。"过了十天，扁鹊再次进见蔡桓公，对他说："大王你的病到了肌肉里了，不治疗会加重。"蔡桓公不理睬，扁鹊只好退了出去。又过了十天，扁鹊又一次去见蔡桓公，对他说："大王你的病

扁鹊

到了肠胃里了，不治更加严重。"蔡桓公很生气，把扁鹊赶了出去。再过了十天，扁鹊远远看见蔡桓公转身就走，蔡桓公让人问他为什么，扁鹊说："现在大王的病已经到骨髓里了，我也无能为力。"说完扁鹊就离开了蔡国。过了几天，蔡桓公就感到身体疼痛，不久就病死了。后来人们就用"讳疾忌医"这个成语来形容蔡桓公的这种心理。

扁鹊奠定了中国传统医学诊断法的基础，在我国医学史上占有承前启后的重要地位，被视为古代医学的奠基者。

红玉助夫抗金兵

自古巾帼不让须眉！说起南宋时期的抗金英雄，除了岳飞外，还有一位英姿飒爽的奇女子，她就是抗金英雄韩世忠的夫人——梁红玉。

梁红玉出生在一个军人世家，她的祖父和父亲都曾是武将，因此梁红玉自幼就练就了一身功夫，箭法精准，而且她精通文墨，在祖父和父亲的影响下，耳濡目染，梁红玉对指挥作战也十分熟悉。然而天妒红颜，他的祖父和父亲在一次征讨方腊农民起义军的战斗中，因贻误战机，战败获罪被杀，作为罪将女儿，梁红玉也被迫沦落为京口（今江苏镇江）宋军的营伎。宋朝官方的营伎主要是在军官聚会喝酒时表演歌舞，正是这样，也让她有机会结识那个相伴一生的人。

韩世忠是延安府绥德军（今陕西绥德县）人，奉命参加征讨方腊农民起义军的军事行动，在班师回朝的时候路过京口，随同主帅一道参加了京口驻军将领的宴请，梁红玉和其他营伎奉命前来陪酒助兴。当时的宋朝随时都可能面临金军的再一次入侵，韩世忠为此忧心忡忡，在席间众人一片欢呼畅饮中显得格格不入，引起了梁红玉的注意。而梁红玉则以一套英姿飒爽的剑舞让韩世忠眼前一亮，二人一见倾心，自此英雄美人终成眷属。

抗金英雄梁红玉韩世忠夫妇
（来源：连环画《染红玉》，李云中绘，中国文苑出版社。）

此后，金兵果然南侵，兵锋直指南宋首都杭州，屋漏偏逢连阴雨，御营统领苗傅等人又乘机发动叛乱，控制了杭州外城防务，并想废掉宋高宗另立新君。紧急之际，梁红玉抱着孩子，骑马疾驰，一昼夜赶到韩世忠驻防的地方报信，和丈夫一道带兵平定了叛乱。宋高宗大喜，特别封梁红玉为"护国夫人"，并赐给爵禄（相当于领工资）。在此之前，历朝历代从没有赏赐功臣家眷爵禄的先例，梁红玉是第一个，也由此开创了后世功臣妻子给俸制度。

公元1129年，进攻浙江的十万金军在大肆抢掠后准备北撤回国，韩世忠便率八千水军赶往镇江截击，梁红玉也随军前往，双方在黄天荡一带的长江江面上相遇。面对数倍于己的金兵，韩世忠率军奋勇杀敌，关键时刻，梁红玉冒着箭雨亲自擂鼓助威，士兵们见了更加勇猛，连续打退了金兵十几次进攻。就这样，韩世忠、梁

梁红玉擂鼓助威
（来源：连环画《染红玉》，李云中绘，中国文苑出版社。）

红玉在兵力处于绝对劣势的情况下，阻击金兵达四十八天之久，金兵付出了极大的代价才突破江防，逃回北方，此后多年不敢再南侵，为南宋赢得了宝贵的喘息时间。

此后十余年，梁红玉陪伴丈夫韩世忠转战各地，抗击金兵，直到公元1141年，宋高宗和投降派向金国求和，杀害了民族英雄岳飞，韩世忠愤然辞官，梁红玉也陪伴丈夫归隐田园，之后夫妇相伴终老，合葬于苏州灵岩山下。

出身将门，纵横疆场，助夫抗金，梁红玉以其飒爽英姿完美诠释了中国女性的精神力量！

嵇康悔己劝戒酒

是真名士自风流！我国古代魏晋时期有七位名士，史称"竹林七贤"，嵇康就是其中的代表。

嵇康自幼聪颖，博览群书，广习诸艺，尤为喜爱老庄的道家学说，主张"越名教而任自然"，反对礼法束缚。由于嵇康反对儒家学说，加上他不满当时掌握政权的司马氏集团，最终遭钟会诬陷，为司马昭所杀。

年轻时的嵇康不拘礼法，放浪形骸，经常和其他人聚在竹林喝酒、唱歌，肆意评价当时的社会人士，抨击虚伪的孔孟礼法，这为他博得了"名士"的名声，同时也招致了当时一些崇尚孔孟礼法的人的嫉恨，为他种

《竹林七贤》（清·冷枚）

下了祸因。意识到这一点，嵇康在儿子尚未成年时就写了《家诫》这篇文章，教儿子如何在污浊险恶的社会中，既能保持节操，又能远离灾祸，保全自己。在文章最后，嵇康特地对儿子说：不要劝别人喝酒，自己也要节制，更不能喝到烂醉如泥"见醉薰薰便止，慎不当至困醉，不能自裁也。"（《家诫》）。

嵇康还是我国古代著名的音乐家。据记载，嵇康临刑前神色如常，在刑场上抚了一曲《广陵散》。曲毕，嵇康把琴放下，叹息道：从前袁准曾想和我学《广陵散》，我每每吝惜而不教给他，现在《广陵散》要失传了。

嵇康为了儿子用心良苦，他是真名士，也是好父亲。

知识卡片2-6

老子骑牛图（明·张路，台北故宫博物院藏）

◎老子

老子，姓李名耳，字聃，生卒年不详，是我国古代著名的哲学家和思想家。道家学说创始人，与庄子并称"老庄"。

老子思想的核心是"道"。他认为"道法自然"，也就是说世上的一切事物都遵循客观规律（即道），但事物又都是相对而存在的，"祸兮，福之所倚；福兮，祸之所伏。"事物发展到一定程度，必然会向相反的方向转化，所谓物极必反，但这种转化不是一下子就会发生的，需要一个长期积累的过程，"合抱之木，生于毫末；九层之台，起于累土；千里之行，始于足下。"

老子和孔子同处春秋时期,是中国古代两位最著名的思想家。据说孔子四次问"道"于老子,虽然因年代久远已很难准确查证,但老子曾担任周王室的守藏室史(负责图书管理的官员),孔子又极为推崇周礼,因此《史记》中关于"孔子适周,问礼于老子"的记载是可信的。

周敬王四年(公元前516年)老子辞宫归隐。民间传说老子骑青牛西出函谷关,守关官员尹喜远远看见一道紫气自东而来,知是圣人将到,便恭恭敬敬地迎接老子。后世人们常在门楣悬挂"紫气东来"匾额,就是取其"吉祥"的寓意。

尹喜后来拜老子为师,恳请他著书以传后人,于是老子在函谷关停留,写成了《道德经》一书。这就是老子"函谷著书"的传说。

老子的思想对中国乃至世界哲学发展都具有深刻的影响,被列为世界百位历史名人之一。

《庭帏杂录》忆双亲

明代的袁衷、袁襄、袁裳、袁表、袁褧五人是同父异母的兄弟,也都是当时很有名望的学者。

他们的父亲和母亲去世后,兄弟五人常常围坐在一起,回想起小时候父母教育他们为人处世的故事,更加感激父母对他们的培养。于是就决定合写一本书,把父母教育他们的言行记录下来,这就有了我们现在看到的《庭帏杂录》。

《庭帏杂录》中他们对母亲李氏的许多回忆,现在读来仍感人

至深。比如，袁衷、袁襄在书中深情地回忆到：在他们还不懂事的时候，亲生母亲去世，第二年父亲娶了李氏时，母亲的牌位还摆着，李氏每天早晚吃饭前，一定会恭恭敬敬亲自供养。逢年过节，父亲有时外出不在，李氏就带着他们兄弟二人去祭奠亲生母亲，还对他们说："你们的亲生母亲不幸早早离开了人世，你们都没有来得及尽孝，能表达孝心的办法，也就只有祭祀了。"在世人看来，李氏并非袁衷、袁襄二人的生母，作为后母，谁不希望丈夫前妻的孩子忘记自己的生母？但李氏却不是这样，她虔诚地亲自带领两个不懂事的孩子祭奠他们的生母，只为让袁衷、袁襄记住亲生母亲的养育之恩，也培养了他们感恩孝亲的品德。

袁袠则讲了小时候母亲留给他印象最深的两件事：

有一天，他和哥哥在家童的陪伴下回家时，看见路边邻居家的蚕豆已经熟了，就摘了一些带回了家，母亲李氏知道了，严肃地教育他们说："农家日夜辛苦，耕种不易，这些蚕豆就是农家的口粮，你们怎么能私摘呢？"说完，就拿了一升米去给人家赔礼道歉。

袁袠还讲道，母亲李氏每次购买柴米蔬菜的时候，付人银子时平秤都不行，总是要再加上一点，袁袠对此很不理解。李氏利用这件事开导儿子说："农人劳作辛苦，生活困难，所以不能让人家吃亏。我每次多付一厘钱，一年也不过多五六两钱，在其他地方节约一点就补回来了，内不损自己，外不亏他人，我几十年都是这么做的，你们以后也要这样。"她就是这样一点一滴地教给儿子很多人生道理。

袁家兄弟不曾想到，他们只是为了纪念父母而作的回忆录，时人却为李氏这位平凡女性的伟大人格和她身教重于言教的做法所感染,并把她当做家庭教育的典范,在社会上广为流传。后人更是将《庭帏杂录》作为家训经典。

周公家训开先河

周公(生卒年不详),姓姬名旦,是我国西周时期杰出的政治家、思想家、教育家,儒学先驱,后世称"元圣"。

周公是周武王的弟弟,周武王死后,他的儿子继位,就是周成王。由于成王年纪还小,国家大事就全靠周公来处理。当时西周的天下很不稳定,周公一个人也忙不过来,就和他另一个弟弟召公商定,以"陕(今河南三门峡陕县一带)"为界,把周王朝的统治区分为东、西两部分,周公管理"陕"之东,召公管理"陕"之西(陕西的名称就起源于此)。

周公

为了维护周王朝的稳定,周公还制定了西周的典章制度,史称"制礼"。他主张"明德慎罚",相当于我们现在说的以德治国。周公主政期间待人宽厚,施行仁政,奠定了西周初年"成康之治"①的基础。

周公十分注重吸纳人才,他礼待贤才,求贤若渴,为了招揽天下贤士,废寝忘食。据史书记载,周公惟恐怠慢天下贤人,他洗头

① 成康之治是指西周初期周成王、周康王统治期间出现的治世。期间,西周国力强盛,经济繁荣,文化昌盛,社会安定。

时遇到贤人来访,就握着尚未梳理的头发去接见;吃饭时遇到贤人来访,他就吐出口中食物,迫不及待地去接待。这也是成语"握发吐哺"的来历。

周公摄政七年后,成王已经长大,能够很好地处理政务了,周公便还政于成王。后世儒家把周公作为个人人格的最高典范。三国时曹操曾赋诗:"山不厌高,海不厌深。周公吐哺,天下归心。"

周公不光自己奉行,还写文章教育儿子要善于用人之长,对人才不能求全责备。他的《诫伯禽书》也被认为是中国第一部家训。

知识卡片2-7

◎诫伯禽书

原文:

君子不施其亲,不使大臣怨乎不以。故旧无大故则不弃也,无求备于一人。

君子力如牛,不与牛争力;走如马,不与马争走;智如士,不与士争智。

德行广大而守以恭者,荣;土地博裕而守以俭者,安;禄位尊盛而守以卑者,贵;人众兵强而守以畏者,胜;聪明睿智而守以愚者,益;博文多记而守以浅者,广。去矣,其毋以鲁国骄士矣!

译文:

德行高尚的人不怠慢他的亲族,不让大臣抱怨没被委以重任。老臣故人没有发生严重过失,就不要放弃他。不要对某一个人求全责备。

德行高尚的人即使力大如牛，也不会与牛去比力气的大小；即使飞跑如马，也不会与马去比速度的快慢；即使智慧如士，也不会与士去比较智慧的高下。

德行广大的人却保持着谦恭的态度，便会得到荣耀；拥有广阔富饶土地却生活节俭的人，便会永远平安；官高位尊却能保持卑微心态的人，便会更显尊贵；人多兵强仍能保持畏惧谨慎的人，必然能取得胜利；聪明睿智而用愚拙态度处世的人，将获益良多；博闻强记却能保持谦虚的人，见识会越来越广。上任去吧，不要因为鲁国的条件优越而对士骄傲啊！

《颜氏家训》为始祖

南北朝时期，有一个文学家叫颜之推，是湖北江陵人，他的一生，用一个词形容，那就是"颠沛流离"。

颜之推有一个幸福的童年，出生在书香世家的他，从小就过着无忧无虑、专心读书的生活。但这一切并没有持续多久，一个又一个打击开始落到他的头上。

先是他九岁的时候，父亲去世，自此跟着哥哥生活，好在哥哥对颜之推悉心教养，这让失去父爱的他能够继续学习。

十九岁的时候，由于得到当时南梁王的赏识，颜之推被任命为国左常侍，但好景不长，南梁国爆发了内乱，他不但官没做成，还被叛兵俘虏，关进囚车送到了建康（今南京），差点丢了性命。直到两年之后，叛乱平息，颜之推才走出牢房回到江陵，被封为散骑侍郎，奉命校书。

平静的日子没过多久，另一个国家西魏攻陷江陵，颜之推又一

次当了俘虏，被押到了西魏的首都长安（今西安）。好在他很有才华，这次不但没坐牢，还被人看中，推荐他到弘农（今河南三门峡市）做了个管文书的官。

在弘农生活了两年，颜之推打算借道北齐返回江南老家，途中经过黄河时，正赶上河水暴涨，经历了许多的艰难险阻，他才渡过黄河，北齐的国王听说后，很看重他，于是请他到邺城（今河南安阳一带），做了一个叫"奉朝请"的官。

这以后很多年，颜之推总算安定了下来。不过在他四十六岁的时候，北齐被北周所灭，他第三次做了俘虏，被遣送到长安。还像前两次一样，他因为有才华，被任命为御史上士。

颜之推五十岁的时候，北周被隋取代，不过也许是否极泰来，这次他很顺利地当上了隋朝的官。

晚年的时候，为了后代子孙成材和家族兴盛，颜之推以自己的人生阅历和处世之道写了《颜氏家训》。在它的教导下，颜氏后裔名臣辈出，精英荟萃，隋时经学家颜师古、唐代书法家颜真卿等皆出自颜氏一族。

《颜氏家训》是中国历史上第一部内容丰富、体系宏大的家训专著，后人称为"百代家训之祖"。

知识卡片2-8

◎书法家颜真卿

颜真卿（公元709年—784年），字清臣，京兆万年（今陕西西安）人，唐代著名书法家。他的楷书雄秀端庄，被称作"颜体"，与唐代另一著名书法家柳公权并称"颜柳"，有"颜

第二章 为什么会有家风家训

颜真卿《自书告身贴》

筋柳骨"之誉。

颜真卿一生为官刚正有礼,忠勇双全,晚年他被派遣去向叛将李希烈传达旨意,面对危险,他大义凛然,坚贞不屈,最终被叛军杀害,终年七十六岁。

字如其人,颜真卿的书法充分体现出了他忠勇、正直的优秀品德。

乔家经商"六不准"

在中国近代经济史上,山西商人曾创造了"货通天下""汇通天下"的商业盛况。晋商翘楚乔家富甲一方两百多年,这一切都源于

乔家大院

一个普普通通的农民乔贵发。

乔贵发幼年失去双亲，寄人篱下，饱尝世态炎凉。十八岁走西口当伙计，为求自立，和秦姓同乡合作在包头经商，几经挫折，生意越来越兴隆。后秦家撤出股份，乔家开始独立经营，财力日渐雄厚。

乔家发达以后，乔贵发给子孙留下了二十四字的"六不准"家规，即：不准纳妾；不准赌博；不准嫖娼；不准吸毒；不准虐仆；不准酗酒。

为什么要立这样的家规呢？就是因为乔贵发亲眼看到跟自己一起"走西口"创业的合伙人秦氏家族撤出股份后，因为家风不正，子孙吃喝嫖赌、娶小老婆、抽大烟，很快就败光了祖辈辛辛苦苦积攒下的家业。而和乔家同时代的灵石王家、太谷曹家也都是败在子孙吸大烟上。

到了乔贵发的孙子乔致庸手上，乔家生意达到鼎盛。乔致庸原本无心经商，自幼饱读诗书，立志仕途，但兄长早亡，不得已挑起家业重担。因儒学功底深厚，乔致庸将《朱子格言》作为其儿孙启蒙必读之书。他常告诫儿孙要戒骄、贪、懒，崇尚信、义、利，即：以信待客，以义待人，信义为先，利取正途。他把儒家的宽厚和仁义精神带进商业经营中。电视剧《乔家大院》中有这样一个场景：乔家一个跑街的伙计敢答应借给朝廷银子十万两，并说出"只要国家在，钱就能回来"的话。乔致庸锐意进取，不断开拓商业版图，实现了"汇通天下"的宏愿，成为晋商的杰出代表。

刘家藏书"嘉业堂"

浙江湖州南浔的刘家是名冠江南的富庶之家。但到了孙子刘承

第二章 为什么会有家风家训

干这一代,已醉心于寂寞的书宅,有人说这是家道中落,也有人说这是青山有幸,因为刘家的"嘉业堂"藏书之丰,令人叹为观止。

刘承干的爷爷刘墉是清代中晚期的商人,将"湖丝"装满小船驶往上海,开创了刘家的黄金时代。据说,刘家财富多达2000多万两,而刘家之所以能成为江南首富,是与其"诚信仁义"的家风密不可分的。

1873年,河北省发生了灾情,刘家拿出巨款、大米、棉衣去赈灾,后来得到了李鸿章的表彰,颁给了刘家一块"义推任恤"的匾额,现在仍挂在刘氏家庙里面。因为刘家乐善好施,清朝的光绪和宣统皇帝都曾下旨表彰过,并赐刘家建了两座牌坊。不过,刘家的牌坊不是立在大庭广众之下,而是立在自己院子里。

行事低调的刘家,到了孙子刘承干这里却高调地做了一桩生意,大规模收藏古籍版本,刻板翻印孤本典籍,无偿赠送给学者、图书馆,就连鲁迅先生也要过他的书。

辛亥革命爆发后,刘承干经常和一群从各地流亡上海的前清遗

嘉业堂

老遗少交往。这些人中很多都因为家道中落，开始变卖家中的珍藏，其中就有不少古籍秘本，对此，刘承干不惜花费重金照单全收，他在短短六、七年时间里就集中了当时藏书界的精华。

1920年，刘承干在上海的书宅已无法容纳他的藏书。从这年冬天开始，他花费十二万两银子，建成了占地二十亩的藏书楼——"嘉业堂"。

嘉业堂落成后，大江南北的书商闻风而来，到1930年前后，嘉业堂总藏书已达20万册60万卷，其中宋本书79部、元本书84部，其中最珍贵的当属四部宋版史书《史记》《汉书》《后汉书》《三国志》。为此，当年刘承干特地在嘉业堂中辟出"宋四史斋"以珍藏。

商以致富，诗书传家，这是像刘家这样的发达人家对子孙的厚望。纵观南北，耕读传家、诗书继世，是中国传统社会中小康农家所努力追求的一种理想图景。

《袁氏世范》讲安全

袁采（？年—1195年），字君载，衢州信安（今浙江省常山县）人，南宋隆兴元年（公元1163年）进士。

袁采一生业绩平平，既没有什么流传下来的文学大作，也没有经世济民的丰功伟业，作官也就是当过几个县的县令而已。但他位卑未敢忘忧国。北宋文学家范仲淹在《岳阳楼记》里说："居庙堂之高，则忧其民；处江湖之远，则忧其君。"袁采就是这样一个人。

古时的县令处理的都是些家长里短、偷鸡摸狗之小事，事虽小，却关乎百姓疾苦。在长期繁琐的县衙事务中，袁采深切地感受到净化民风需要惩恶扬善，彰显公平正义，但更重要的是"训俗"，也就是借助浅显易懂的乡村俚语，确立为人处世的规矩准绳，实现教化百姓、淳正民风的目的。由此，袁采便沉下心来，写了《袁氏世范》这样一本家训书。

古代县衙图

撇开共有的睦亲、处己等内容不谈，《袁氏世范》的独特之处在于对家庭安全讲得尤为详尽。诸如：如何防盗、防火，如何防止小孩子被拐以及家养的牲畜被盗，甚至还谈到如何处理三姑六婆（古时对尼姑、道姑等的统称）的到访。对居家安全能谈得如此周详，恐怕是袁采在为官生涯中遇到了太多这些方面的民事纠纷，才能写出如此详尽的安全警示。

《袁氏世范》一经出版便流传开来，后人给了极高的评价，成为历代为政与持家的镜鉴，并被录入《四库全书》。清代时，此书在日本、越南流行。日本江户时代把它作为庶民的教科书流传，有汉文加训点刊本《世范校本》；越南学者阮逸（公元1793年—1871年）所著家训书《阮唐臣传家规范》则采录了《袁氏世范》十八条。晚清时期还有日文、英文译本，以其作为史料从事历史研究的也很多。

《治家格言》广流传

《治家格言》是明末清初著名理学家、教育家朱用纯写的一部家训书。

朱用纯（公元1627年—1698年），字致一，号柏庐，江苏昆山县人。他的父亲在清军南攻时曾坚守昆城，城破后因不愿投降跳河自尽。因此，朱用纯自小就挑起了家庭的重担，既要侍奉老母亲，又要养育年幼的弟妹，生活倍加艰辛。

对于有志之士来说，生活的苦难只会更加磨练他们的意志，朱用纯就是这样。他一边勤劳持家，一边认真苦读程朱理学，最终成了当地一位很有名望的学者。

东晋时有一个叫王裒（póu）的隐士，早年遭际和他十分相似。王裒的父亲被晋朝司马昭杀害后，他曾在父亲的墓前手扶柏树痛哭，并建草庐自居，一生都不做晋朝的官。朱用纯十分钦佩王裒，就给自己取了个号，叫"柏庐"。

朱用纯一生同样未曾步入仕途，在家乡以教书为生，他对"程朱理学"有非常深厚的研究，著了很多书，但流传最广、影响最大的还是他为家乡百姓写的《治家格言》。

由于长期在家乡教书，朱用纯深知那些用词晦涩、语句冗长的文章很难为百姓接受，他的《治家格言》全文仅六百三十四字，文字通俗易懂，内容简明扼要，对仗工整，读起来朗朗上口，一经问世便不胫而走，成为家喻户晓、脍炙人口的教子治家经典，清末至民国年间一度成为儿童启蒙读物之一。

用最简单的文字，写最深的道理，让更多的人看得懂，朱用纯以其《治家格言》在我国古代家训史上占据了重要的一席。

第二章 为什么会有家风家训

知识卡片 2-9

◎治家格言

黎明即起,洒扫庭除,要内外整洁;既昏便息,关锁门户,必亲自检点。

一粥一饭,当思来处不易;半丝半缕,恒念物力维艰。

宜未雨而绸缪,毋临渴而掘井。自奉必须俭约,宴客切勿流连。

器具质而洁,瓦缶胜金玉;饮食约而精,园蔬胜珍馐。

勿营华屋,勿谋良田,三姑六婆,实淫盗之媒;婢美妾娇,非闺房之福。

童仆勿用俊美,妻妾切忌艳妆。

祖宗虽远,祭祀不可不诚;子孙虽愚,经书不可不读。

居身务期质朴,教子要有义方。勿贪意外之财,勿饮过量之酒。

与肩挑贸易,毋占便宜;见贫苦亲邻,须加温恤。

刻薄成家,理无久享;伦常乖舛,立见消亡。

兄弟叔侄,须分多润寡;长幼内外,宜法肃辞严。

听妇言,乖骨肉,岂是丈夫?重资财,薄父母,不成人子。

嫁女择佳婿,毋索重聘;娶媳求淑女,勿计厚奁。

见富贵而生谄容者,最可耻;遇贫穷而作骄态者,贱莫甚。

居家戒争讼,讼则终凶;处世戒多言,言多必失。

勿恃势力而凌逼孤寡,毋贪口腹而恣杀牲禽。

乖僻自是,悔误必多;颓惰自甘,家道难成。

狎昵恶少,久必受其累;屈志老成,急则可相依。

家风家训

轻听发言，安知非人之谮诉，当忍耐三思；

因事相争，焉知非我之不是，须平心暗想。

施惠勿念，受恩莫忘。凡事当留余地，得意不宜再往。

人有喜庆，不可生妒忌心；人有祸患，不可生喜幸心。

善欲人见，不是真善；恶恐人知，便是大恶。

见色而起淫心，报在妻女；匿怨而用暗箭，祸延子孙。

家门和顺，虽饔飧不济，亦有余欢；国课早完，即囊橐无余，自得至乐。

读书志在圣贤，非徒科第；为官心存君国，岂计身家。

守分安命，顺时听天；为人若此，庶乎近焉。

第三章 家风家训如何塑造中国人

春天，小鸟衔来一粒种子
落在地上
秋天，长出了小树苗
再过多少年
那里已是一片森林

家风家训

在中华民族的历史长河中，闪耀着一颗又一颗明亮的星。

从远古时期"爱民如子"的尧、舜、禹，到近代"公车上书"的康有为、梁启超；从"匈奴不灭，何以家为"的卫青、霍去病，到"精忠报国"的岳飞、韩世忠；从"路漫漫其修远兮，吾将上下而求索"的屈原，到"天下兴亡，匹夫有责"的顾炎武：一代代中华优秀儿女为了民族独立和国家富强而奋斗、流血，用他们坚实的臂膀，撑起了中华民族的脊梁。

回顾历史，无数志士仁人用他们的行动告诉我们，伟大的品质和精神都是从小一点一滴培养出来的，就如同一条条小溪不断流淌，最终汇入大海，才有了包容一切的力量。

中华民族的传统美德，通过家风家训，形成了中国人的人格基因，培育出无数优秀的中华儿女，他们是中国人心目中道德的典范，学习的楷模，人们传颂着他们的事迹，颂扬着他们的品质，汲取着他们的营养。他们身上所展现出来的"爱国爱民、坚韧不拔、克己奉公、勤奋好学、自强自立、睦邻友善、智勇担当、舍生取义"的高尚品德，塑造了中国人的精神力量。

第一节　爱国爱民的典范

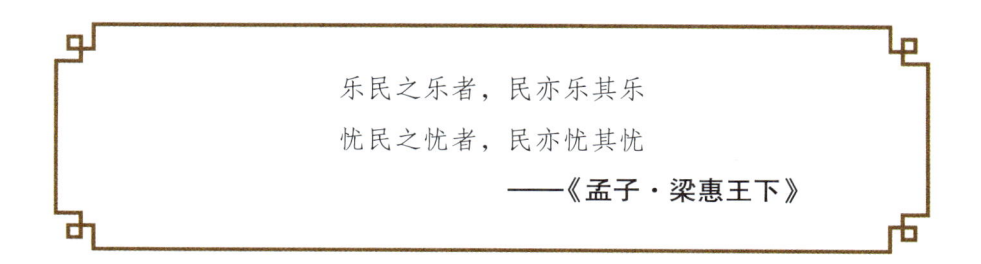

> 乐民之乐者，民亦乐其乐
> 忧民之忧者，民亦忧其忧
> ——《孟子·梁惠王下》

大禹

大禹本名禹，姒姓夏后氏，名文命，字高密，是我国远古时代的部落联盟首领，夏朝开国君主。他心系黎民，历经十三个寒暑，足迹遍及九州，最终成功治理了水患。百姓感激他的功绩，尊称他为"大禹"。

在远古时代，炎帝和黄帝联合打败了蚩尤，形成了部落联盟的社会制度。后人也把炎帝和黄帝视作中华民族的始祖，我们现在称自己是炎黄子孙，就起源于此。黄帝死后，把帝位传给了尧。尧帝在位时，百姓主要生活在黄河下游的中原地区，当时的中原大地洪水泛滥成灾，百姓流离失所，水患给黎民百姓带来了无尽的灾难。尧帝就让禹的父亲鲧来治理水患。鲧采用筑堤截堵的办法治水，但九年的时间过去了，水患依旧。

家风家训

尧将帝位禅让给舜后，鲧因治水无功，被处死在羽山下，舜命禹继续治理水患。禹领命后，并没有因为他的父亲被处死而心有怨恨，而是将治理水患作为其一生的奋斗目标。他总结其父亲治水失败的教训，改变治水思路，利用水往低处流的自然规律，疏通了九河，经过十三年的努力终于治理了水患，为百姓安居乐业创造了良好的环境。

禹的一生以治水为业，在治水过程中留下了许多感人的故事。传说禹治水期间走遍大河上下，曾三过家门而不入。他借助自己发明的原始测量工具——"准绳和规矩"确定河道方位，用神斧劈开龙门和伊阙，凿通积石山和青铜峡，使河水畅通无阻。

禹在治水同时还下工夫考察沿途各地山川地理形势，划分天下为九州（即冀州、兖州、青州、徐州、扬州、梁州、豫州、雍州、荆州），并详细记录各州的山川和物产情况。他的治水是把整个中国的山山水水统筹来治理。

禹在治水的同时兼顾治国养民，他让助手发给民众种子，教他们种植水稻，指导人们恢复和发展农业生产。同时禹还带领百姓大兴水上运输，重建家园，使百姓安居乐业。

古人根据崇德报功的观念把禹奉为"社神"（就

北京中山公园社稷坛

第三章　家风家训如何塑造中国人

是土地山川的神主），与后稷（传说中周人的始祖，被后世奉为"谷神"）并列，称为"社稷"。

禹的功绩如此之大，所以舜帝年老以后便把帝位禅让给禹。禹即帝位后曾到南方巡视，在涂山（今安徽蚌埠市西）约请各部落首领相会，并把各部落首领送来的青铜铸成九个鼎，象征统一天下九州，开启了我国历史上第一个世袭制国家夏朝（公元前2070年—前1600年），标志着我国奴隶社会的开始。

现收藏于北京保利艺术博物馆的青铜器"遂公盨（xǔ）"（西周中期）铸有铭文98字，铭文讲到："大禹恩德于民，百姓爱他如同父母，而今的君王都要像大禹那样。孝敬父母，兄弟和睦，祭祀隆重，夫妻和谐，这样天必赐以寿，神必降以福禄，国家长治久安，作为遂国的国公，我号召大家都要按德行事，不可轻慢。"二千九百多年前人们就已广泛传颂大禹的爱民德政。

> 知识卡片 3-1

◎遂公盨[xǔ]

"遂公盨[xǔ]"，高11.8厘米，口径24.8厘米，重2.5千克，椭方形，圈足，直口，腹微鼓，兽首双耳（耳圈内似原衔有圆环，今已失），圈足正中有尖扩弧形缺，盨盖缺失，器口沿饰分尾鸟纹，器腹饰瓦沟纹，内底铭文10行98字，属国家一级文物。它是目前所知

遂公盨（北京保利艺术博物馆藏）

最早的关于大禹及其德治的文献记录，证实了大禹及夏朝的确存在。

李冰父子

李冰父子是战国时期人，关于他们的生卒年份和出生地，史书上没有详细的记载，但这并不妨碍后人景仰和纪念他们，因为他们主持修建的都江堰水利工程至今仍造福着广大四川人民。

古代四川被称作蜀地，自古就有"泽国""赤盆"之称，非涝即旱，百姓只能靠天吃饭，直到李冰担任蜀郡太守以后，情形才得以改变。

李冰到任后，就和他的儿子去实地考察灾情。他发现岷江上游水流湍急，到灌县附近后进入一马平川的平原地带，水势浩大，冲决堤岸，泛滥成灾；由于泥沙淤积，抬高了河床，又进一步加剧了水患。而灌县城西南面的玉垒山阻碍江水东流，每年夏秋洪水季节，常造成东旱西涝。为此，在走访了当地有治水经验的百姓后，李冰父子主持制定了治理岷江的方案，具体由鱼嘴、飞沙堰和宝瓶口及渠道网所组成。

鱼嘴就是分水大堤，它将岷江一分为二，外江河道宽，河床浅，以泄洪、排沙为主，内江河道窄，河床深，起引水、灌溉的作用。在修建分水大堤时，李冰父子先是让竹工编成长三丈、宽二尺的大竹笼，然后再装满鹅卵石，一个一个地沉入江底，石笼层层累筑，重而不陷、散而不乱。既可避免大堤断裂，又可利用卵石之间的空隙减少洪水的直接冲力，避免溃堤的危险。此法就地取材，施

第三章 家风家训如何塑造中国人

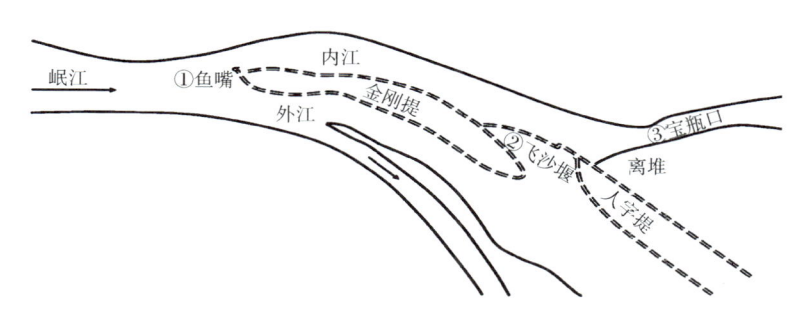

都江堰示意图

工、维修都简便易行，实在令人钦佩。

内江是灌溉渠系的总干渠，是在玉垒山中劈凿而成的一条20多米宽的河道，渠首就是宝瓶口。在开凿内江时，李冰父子带领大家先放火烧山，然后再用水浇，岩体热胀冷缩后自然崩塌。被分开的玉垒山的末端状如大石堆，后人称之为"离堆"。宝瓶口和离堆十分坚固，千百年来岿然不动，以其狭窄的通道形成控制内江水量的闸门。

为了控制流入内江的水量，在鱼嘴分水堤的尾部又修建了分洪和泄洪用的"飞沙堰"。飞沙堰也是用竹笼装卵石的方法堆筑而成，堰顶做到适当的高度。当内江水位过高的时候，洪水就漫过飞沙堰流入外江，以控制内江水量，使下游灌区免遭水淹。同时，由于水流的漩涡作用，沉积在宝瓶口的泥沙也被甩向飞沙堰后冲走。

除都江堰外，李冰父子还主持修建了其他水利工程。此外，李冰还开创了凿井汲卤煮盐法，这也是中国史籍所载最早的凿井煮盐的记录。

李冰父子主持建造的都江堰水利工程彻底根除了千百年来危害人民的岷江水患，也使得蜀地发生了天翻地覆的变化，成为沃野

千里的富庶之地，四川也被称为"天府之国"。唐代杜甫曾作诗赞道："君不见秦时蜀太守，刻石立作五犀牛。自古虽有厌胜法，天生江水向东流。蜀人矜夸一千载，泛滥不近张仪楼。"

晚年的李冰累死在治水工地上，但他的功绩却为后人铭记，两千多年来，四川人民始终把李冰尊为"川主"。

作为世界文化遗产的都江堰水利工程，是中国古代劳动人民勤劳、勇敢、智慧的结晶。

郑成功

郑成功（公元1624—1662年），原名郑森，字明俨，福建泉州南安人，明末清初著名的军事家，他因驱逐荷兰殖民者、收复宝岛台湾而被誉为民族英雄。

郑成功弈棋图（清·黄梓，中国国家博物馆藏）

郑成功出生在日本。他的父亲从事海上走私贸易，经常往来于日本，直到他六岁那年，父亲郑芝龙接受明朝的招安作官以后，郑成功才回到家乡，开始接受儒家文化的教育。

公元1638年，郑成功考中秀才。1644年，他进入南京国子监，师从名儒钱谦益，这对他产生了很大的影响，尤其是儒家文化倡导的"忠君"思想和"治国平天下"的士大夫理念，成为他一生的行为准则。

也就是在这一年，闯王李自成带领的农民起义军攻破北京，明朝灭亡。随后清兵入关，正式建立了清王朝。由于清朝在南方地区采取高压统治，激起了各地的反清复明斗志。1645年，郑成功的父亲等人在福州拥立明唐王称帝，建立了明隆武政权。郑成功也因其人品和才华而受到明隆武帝的赏识，并赐给他朱姓，这在当时已是十分崇高的荣誉了。

从1646年起，郑成功开始领军，掀起了反清复明大业。但由于其他人的阻扰，包括他的父亲郑龙芝也无意全力抗清，后来更是投降了清朝，导致清军长驱直入，在明隆武政权灭亡后，郑成功孤掌难鸣，最终不得不避走金门。此后十余年间，郑成功依托金门海防优势，多次率军抵抗清朝的进攻，先后转战福建、浙江、广东等地，在反抗清朝残暴统治的同时，帮助明朝宗室和百姓渡海定居台湾及东南亚各地。

此时的台湾正处于荷兰殖民者的统治之下。其实早在1604年，荷兰殖民者成立的东印度公司就曾经侵扰澎湖，被明朝军队赶了出去；到1622年，趁着明朝军队忙于镇压农民起义军之际，荷兰殖民者的舰队乘虚占领了我国台湾，开始了其对台湾长达三十八年的殖民统治。

在反清复明暂时无法动摇清王朝统治的情况下，郑成功把眼光投向了台湾，决意收复台湾，这样既保持了中国版图的完整，也能作为反清复明的根据地。

公元1661年，郑成功亲率两万五千名士兵、战船百余艘从金门出发，经澎湖直取台湾。荷兰殖民军不甘心主动放弃，集中兵力于台湾（今台湾东平地区）、赤嵌（今台南）两座城堡，并将破船沉入港口，以阻止郑成功的船队登岸。在这种情况下，郑成功利用海水潮汐的变化，避开正面敌人，命船队驶进鹿耳门内海，主力则从

禾寮港登陆,从侧背进攻赤嵌城,并切断了其与台湾城的联系。经过八个月的激烈战斗,郑成功彻底击溃了荷兰殖民军队,收复了台湾全境。

此后,郑成功在台湾建立了明郑政权,按照中国明朝的国家管理体系建立了宫室、庙宇和各种典章制度,奠定了台湾以汉民族文化为主的社会基础。后人评价其"决定台湾尔后四百年命运"。

尽管郑成功一生都致力于延续明王朝的腐朽统治,但其驱逐荷兰殖民者,收复台湾,捍卫了中国主权和领土的完整,至今仍具有极其重大的历史意义。

范仲淹

范仲淹(公元989年—1052年),字希文,祖籍邠州(今陕西),我国北宋时期杰出的政治家、文学家、教育家。他曾写下"先天下之忧而忧,后天下之乐而乐"的千古名言,体现了其爱国爱民的高尚情操。

范仲淹

范仲淹幼年丧父,家境贫寒,为了学习便借宿到寺院僧房、书院中刻苦攻读。缺少粮食,他就用米煮粥,等粥凝固后再用刀切成四块,早晚各两块,配着腌菜来吃。艰苦的生活磨练了范仲淹的意志,也更加坚定了他为国为民排忧解难的抱负和决心。

公元1015年,范仲淹考中进士,担任广德军(今扬州一带)的司理参军,之后他又担任了兴化县令、陈州通判、苏州知府等官职。无论身处何地，身居何职，范仲淹都坚持秉公直言，为民请命，这也让他得罪了很多权贵，多次遭到贬斥。

公元1040年，北宋与西夏之间爆发战争，范仲淹奉命调往西北前线，担任陕西经略安抚招讨副使兼延州知府。他到任后针对西北地区地广人稀、山谷交错、地势险要的特点，采取"积极防御，屯田久守"的策略，从根本上扭转了原先被动的西北军事防奋形势，最终迫使西夏国主动与北宋议和，西北边境得以重现和平局面。

公元1043年，范仲淹进入北宋政府中央，担任枢密副使。面对当时北宋政府官僚队伍庞大、人民生活困苦等问题，他提出了十项以整顿吏治为中心，加强农业、减轻百姓徭役负担等改革主张，在欧阳修等人的支持下，发起了"庆历新政"，开北宋改革风气之先，成为王安石变法的前奏。不久，受既得利益集团的阻挠，新政改革受挫，范仲淹也被迫离开了京城，先后担任了邓州、杭州、青州等地的行政主官。

晚年的范仲淹十分注重教育，他曾出资购买良田千亩，兴办了"范氏义庄"。

范氏义庄是中国古代第一个非官方免费教育机构，在教化范氏族众、净化社会风气方面发挥了巨大的作用，开启了中国古代基础教育阶段免费教育的新风尚。

知识卡片3-2

◎岳阳楼

范仲淹是卓越的文学家，岳阳楼是中国四大文化名楼之

家风家训

岳阳楼

一，座落在湖南省岳阳市洞庭湖畔，西临洞庭，北望君山，水光楼影，相映成趣，是著名的旅游胜地。

他曾登临岳阳楼，并写下了"先天下之忧而忧，后天下之乐而乐"的千古名句，为儒家思想中的进取精神树立了一个新的标杆，是中华文明史上宝贵的精神财富。

第二节　坚韧不拔的典范

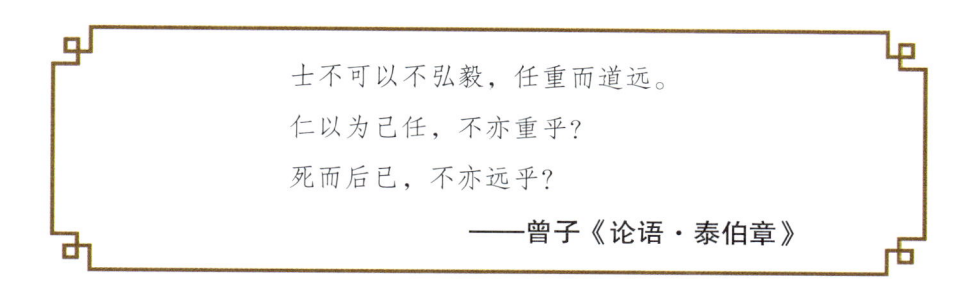

> 士不可以不弘毅，任重而道远。
> 仁以为己任，不亦重乎？
> 死而后已，不亦远乎？
>
> ——曾子《论语·泰伯章》

司马迁

司马迁（公元前145年—前90年），字子长，夏阳（今陕西韩城南）人，我国西汉时期伟大的史学家、文学家。司马迁身受腐刑，忍辱负重，秉持"据实记录"的史识精神，以坚定的毅力创作了中国第一部纪传体通史《史记》，被鲁迅誉为"史家之绝唱，无韵之离骚"。

司马迁出生于史学世家，他的父亲司马谈曾任太史令一职，家学渊源深厚，又有名师指点，司马迁从小就立志要像父亲一样做一名公正的史官。

司马迁二十岁的时候听从父亲建议，开启了为期两年的全国游学。他追随历史的脚步，实地考察历史遗迹，探访当年历史人物的故事，获得许多从古籍当中得不到的第一手资料。同时他走进普通

百姓生活当中，了解民间疾苦，使得他对社会，对人生的观察和认识逐渐深入。他遍历名山大川，饱览壮美山河，既陶冶了性情，也提高了他的文学表现力，这次游学为他将来写作《史记》打下了坚实的基础。

公元前110年，司马谈在洛阳身染重病，弥留之际，给匆匆赶到的司马迁留下遗言，要他担任太史之后一定要继承自己的遗志，撰写一部贯通古今的史书。洛阳相会成为他们父子之间的生死之托。

司马迁继任太史令后，开始了《史记》的书写，这时一场突如其来的灾祸降临到他头上。因为在"李陵事件"中仗义直言，激怒了汉武帝，司马迁被以"诬上"的罪名判处死刑。

在当时的汉朝，有两条路可以免除死刑：一是交五十万钱。以司马迁的家境，这根本没有可能。二是接受宫刑。宫刑在当时的人看来是奇耻大辱，比死都不如，还要连累祖先和亲友被人耻笑，常人很难接受。是忍辱接受宫刑还是一死了之保全家族名誉？司马迁在《报任少卿书》中讲述了自己艰难的决择过程："人固有一死，或重于泰山，或轻于鸿毛。"为了完成史官的使命，实现父亲的遗愿，司马迁决定接受宫刑。

从此以后，司马迁以坚韧的毅力，忍辱负重，发奋著书，到公元前91年，《史记》终于全部完成。他把从传说中的黄帝时代开始，一直到汉武帝太始二年（公元前95年）为止长达三千多年的历史，编写成了一部包含一百三十篇、五十二万字的宏大著作。

司马迁首创以人物传记为中心来反映历史内容的史书体例，同时如实记录了各家对同一事件或人物的不同立场和看法，他的这种著史精神被后人称为"实录"。

第三章 家风家训如何塑造中国人

《史记》被列为"二十四史"之首,是中国历史上第一部纪传体通史。司马迁首创的纪传体编史方法和他的"实录"精神为后代史学家所传承,对后世史学和文学的发展都产生了深远的影响。

知识卡片3-3

◎爱国诗人屈原

屈原(约公元前340年—公元前278年),战国时期楚国人,出生于丹阳秭归(今湖北宜昌),是我国古代伟大的爱国主义诗人。

屈原少年时期志向远大,早年受楚怀王信任,曾任左徒、三闾大夫等职,力主抗秦,因遭当时楚国贵族排挤,被流放外地。后来楚国为秦所灭,屈原悲愤交加,投汨罗江而死。

屈原是中国浪漫主义文学的奠基人,其代表作《离骚》《天问》《九章》等对后世诗歌产生了深远影响,"路漫漫其修远兮,吾将上下而求索"成为后世仁人志士所追求的高尚境界。

屈原投江的日子是农历五月初五,因此,也有一种说法,端午节包粽子就是为了纪念屈原。

苏武

苏武(公元前140年—前60年),字子卿,杜陵(今陕西西安)人,西汉时期杰出的外交家。面对匈奴统治者的威逼利诱,苏武坚贞不屈,忍辱负重,保持了民族气节,被视为民族英雄。

家风家训

《苏武牧羊》（清·任伯年）

苏武的父亲苏建曾担任代郡的太守，也是一位仁人志士，受父亲影响，苏武从小就树立了远大的志向，到汉武帝时，他担任中郎将的职务。

当时中原地区的汉朝和西北地区少数民族政权匈奴的关系时好时坏。公元前100年，汉朝北方的匈奴政权产生了新的单于（单于是匈奴的最高统治者），并释放了之前扣押的汉朝使者以示友好。为此，汉武帝派遣苏武为使者，率领一百多人的使团回访匈奴以表示祝贺。然而，就在苏武完成出使任务准备回国时，匈奴上层发生内乱，苏武一行无辜受到牵连，被扣留了下来，并被威逼背叛汉朝，投降于匈奴。苏武对随行的人说："屈节辱命，即使不死，又有什么面目回到汉朝？"于是拔刀自杀。匈奴人大吃一惊，连忙把苏武救下。匈奴单于钦佩苏武的气节，待苏武伤势好转后，便派使者前去劝降，并许以高官厚禄，但苏武不为所动。苏武越是持节不屈，匈奴单于就越要逼他投降。当时正值寒冬，匈奴人把苏武关在地窖里，断绝饮食，以此来消磨他的意志。苏武在地窖里受尽折磨，渴了就吃一把雪，饿了就嚼身上穿的羊皮袄，就这样坚持了下来。匈奴单于见威逼无果，就把苏武送到一个叫北海的地方，那里远离汉朝，在匈奴的北边，方圆几百里都没有人烟。匈奴人让他放牧公羊，说等公羊生下小羊后就放他回国。

苏武只身来到北海,没有粮食,就挖野鼠储藏的果实充饥。他在牧羊时,时刻都把汉节拿在身边,以致节旄全部脱落。苏武就这样在北海度过了十九年。

由于无法得到苏武的消息,汉朝统治者以为他早已不在人世。一直到公元前87年,汉朝和匈奴达成和议,在汉朝的强烈要求下,匈奴单于才承认苏武还活着,并释放了他。公元前81年,在被扣留了十九年之后,苏武回到长安。苏武出使匈奴时正值壮年,等返回时头发已经全白了。为了表彰他的功绩,汉朝皇帝封苏武为关内侯。

孟子曰:"富贵不能淫,贫贱不能移,威武不能屈,此之谓大丈夫。"苏武以他坚贞不屈的爱国精神,受到后世的景仰和称颂。

知识卡片3-4

◎昭君出塞

王昭君出生在南郡秭归(今湖北省宜昌市兴山县),是汉元帝时期的一名宫女。

当时,北方的少数民族政权匈奴在遭受汉朝的多次打击后日趋衰落,成为汉朝的属国。公元前33年,南匈奴首领呼韩邪来长安朝见汉元帝,请求汉朝将公主嫁给他,以示和睦友好。汉元帝就将宫女王昭君赐给了呼韩邪。王昭君到了匈奴后,被封为"宁胡阏氏"(阏氏就是"王后"),象征她给匈奴带来了和平与安宁。

王昭君是中国古代四大美女之一。据传说，昭君出塞前往匈奴时正值秋高气爽，想到从此就要远离故土，她心潮起伏，便拨动琴弦弹奏起来。南飞的大雁听到琴声，看到马背上的美丽女子，纷纷落了下来，从此，昭君就得到了"落雁"这个代称。后来人们就用"沉鱼落雁"来形容女子的美貌。

在汉匈两族人民心中，王昭君不仅是和平使者，更是美的化身。昭君出塞，不仅促进了中原文化在少数民族地区的传播，也加强了各民族团结。昭君死后，匈奴人民为她修了坟墓，并奉为神仙。昭君墓即青冢，现座落于内蒙古自治区呼和浩特市南郊大黑河南岸。

张骞

张骞（公元前164年—前114年），字子文，汉中郡城固（今陕西省汉中市城固县）人，西汉时期杰出的外交家。他一生历经艰难险阻，不屈不挠，两次出使西域，促进了中西方文明的交流，被称作"丝绸之路"的开拓者。

张骞早年经历不详，据史书记载，他"为人强力，宽大信人"，也就是说，他具有坚韧不拔、心胸开阔、信义待人的优良品质，这也是他能完成出使西域这一历史大业的根本原因。

汉朝初期国力贫弱，面对北方强大的少数民族政权——匈奴，采取了韬光养晦、和亲求安策略。到汉武帝时，经过多年的休养生息，汉朝国力开始强大起来，于是年轻的汉武帝便产生了联合西域的大月氏等共同攻打匈奴的念头，张骞也因此踏上了出使西域的道路。

公元前139年，在经过充分准备后，张骞手持旌节，带着一百多人的使团从长安出发，开始了西域之行。然而，他们刚进入河西走廊便遇到了匈奴的骑兵，成了匈奴人的俘虏。匈奴单于得知张骞一行要出使西域之后大为火光，把他们扣留下来做了奴隶养牛牧马，并派人严加看管。由于匈奴人的严加防范，张骞不得已在匈奴居留了十年之久。但他始终没有忘记自己的使命，没有动摇为汉朝通使西域的意志和决心。

张骞出使西域

公元前129年，匈奴人的监视有所松弛，张骞便趁机带领随从逃了出来。但这时候西域的形势和十年前相比发生了很大变化。原来的月氏人早已被迫离开伊犁河流域，西迁到咸海附近的妫水地区，建立了新的家园。张骞了解到这一情况后，便转而向西南方前行，由于沿途人烟稀少，水源奇缺，加之匆匆出逃，物资准备又不足，一路上经历了各种艰难险阻，随从他一起出使的手下，有的因饥渴倒毙途中，有的不幸葬身黄沙、冰窟，献出了生命。对此，张骞没有被吓倒，也没有退缩，而是继续前进，他顶着飞沙走石和滚滚热浪，越过大漠戈壁，再翻越冰雪皑皑、寒风刺骨葱岭山脉，终于来

到了大宛国。

当时的大宛国王很希望与汉朝交好，不仅热情款待了张骞一行，还派出向导和翻译送他们前往康居国（今乌兹别克斯坦和塔吉克斯坦境内），再由康居王派人将他们送到了大月氏。然而，这时的大月氏人已经无意再向匈奴复仇了，虽几经努力，张骞始终也未能说服其与汉朝结成联盟，共同夹击匈奴。其间，张骞还曾越过妫水，南下到达大夏的蓝氏城。

公元前128年，在大月氏逗留了一年多以后，张骞无奈动身返回。为了避开匈奴骑兵的拦截，他改变了原定的路线，打算绕经于阗（今和田）、鄯善（今若羌），通过青海羌人地区回国。但没想到的是羌人地区也沦为了匈奴的附庸，他们再次被匈奴骑兵俘虏并扣留，直到一年多以后，也就是公元前126年，匈奴发生内乱，张骞才趁机和随从堂邑父二人逃回了长安。

张骞第一次出使西域历时十三年。出发时是一百多人，回来时仅剩他和堂邑父两人。虽然未能达到联合大月氏夹攻匈奴的目的，但其产生的实际影响和所起的历史作用是巨大的。

此后，从公元前119年起到公元前115年，张骞第二次出使西域。由于汉朝此前对匈奴进行了数次沉重打击，这一次的行程相对容易了很多。在出使西域诸国的过程中，张骞大力宣扬汉朝国威，劝说西域诸国与汉朝联合，同时还派副使分别访问了中亚地区的大宛、康居、大月氏、大夏等国，增进了汉朝与西域诸国的交往，扩大了西汉王朝的政治影响。

张骞不畏艰险，两次出使西域，促进了中国同西域各国的文化交流，加快了"丝绸之路"的开拓。自此以后，中国的丝和丝织品从长安往西，经河西走廊和今新疆境内运到安息，再从安息转运到西亚和欧洲，这就是历史上著名的"丝绸之路"。

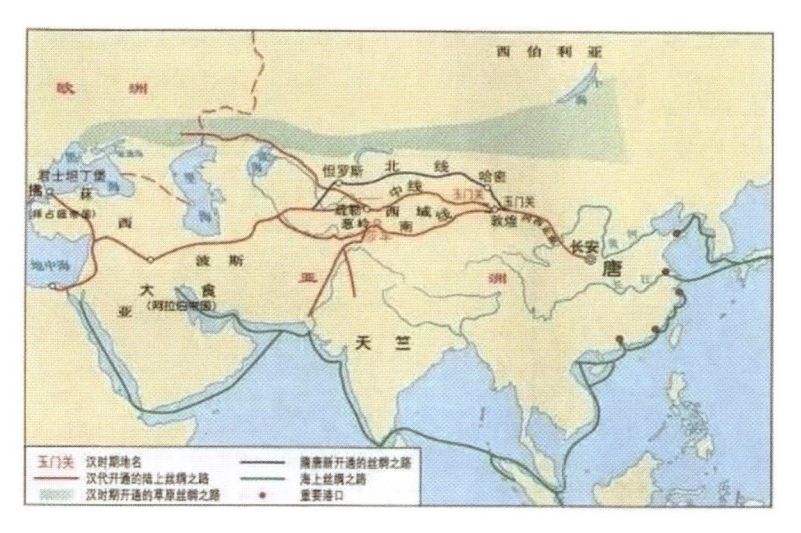

古丝绸之路路线图

（来源：《高中历史选择性必修三（文化交流与传播）》，人民教育出版社2019年版，第51页。）

第三节 克己奉公的典范

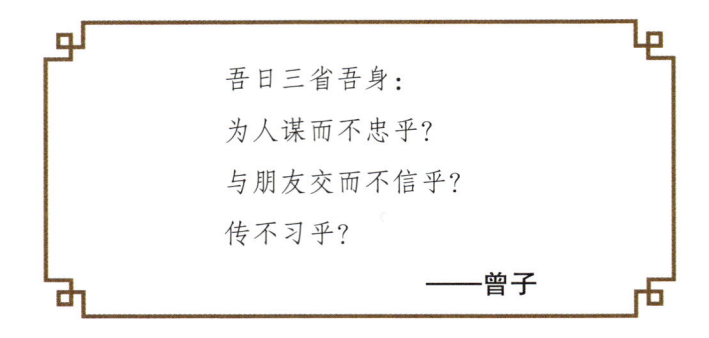

> 吾日三省吾身:
> 为人谋而不忠乎?
> 与朋友交而不信乎?
> 传不习乎?
> ——曾子

包拯

包拯(公元999年—1062年),字希仁,庐州(今安徽合肥)人,北宋名臣。他一生克己奉公,刚正不阿,不畏权贵,执法严明,在百姓的心目中,包拯已成为公平和正义的象征,被誉为"包青天"。

包拯幼年时受父母教诲,养成了廉洁公正的良好品德。公元1027年,包拯考中进士,被委任为建昌县(今江西永修)知县。因父母年迈多病,包拯辞去官职,回家赡养父母。直到公元1037年,包拯的父母相继去世,他守丧期满后才重新出来作官。

纵观包拯一生,无论官职大小,任职何地,他始终保持公正廉明的清官本色。他断案如神、为民伸冤的故事在民间广为流传。

第三章　家风家训如何塑造中国人

包公断案

（来源：连环画《铡包勉》，殷恩光、刘为民绘，中州书画社。）

包拯关爱民间疾苦，为此不惜得罪那些皇亲国戚、达官贵人。他在开封担任府尹时，朝中一些官员和名门望族擅自在惠民河上建造亭台楼榭，导致河道被堵塞，水患频发，百姓深受其苦。对此，包拯不讲情面，命人将那些违规建筑拆了个一干二净，使得河道从此畅通无阻，百姓得以安居乐业。

包拯不徇私情，嫉恶如仇。对于才能平平的庸官，包拯认为他们无法为百姓谋福利，就坚决予以弹劾，其中不乏皇亲国戚。张尧佐因是宋仁宗宠爱的张贵妃的伯父，一路升迁，甚至担任了三司使等诸多要职，但这个人的才能又十分平庸，对此包拯多次弹劾，宋仁宗都置若罔闻。再后来得知宋仁宗要任命张尧佐为宣徽南院使后，包拯当面向宋仁宗进行了弹劾，最终迫使仁宗收回了成命。

家风家训

知识卡片3-5

◎清明上河图

《清明上河图》局部

北宋画家张择端所作《清明上河图》生动记录了十二世纪北宋都城东京（今河南开封）的城市面貌和当时社会各阶层人民的生活状况。

对那些鱼肉百姓的贪官，包拯更是不会放过。当时有个叫王逵的转运使，此人横行不法、巧立名目搜刮钱财，百姓对他恨之入骨，可是他与当时的宰相关系密切，又受到宋仁宗宠信，故而有恃无恐，官运亨通。为此，包拯为民请命，七次上书弹劾，言辞激切，朝野震动，终使王逵被罢免。

包拯严以律己，铁面无私。他在故乡庐州为官时，一位本家舅舅仗势欺人、欺压百姓，包拯不念亲情，依照律法将其责打一顿，此后，他的亲朋故友再也不敢胡作非为了。

包拯生活俭朴，即使身居高位，所穿衣服、所用器物、包括饮食与做普通百姓时一样。同时包拯也严以治家，他去世前交代后人说：后世子孙如有贪赃枉法者，死后不得入祖坟。在他的严格家教下，他的儿子们也成为深受百姓爱戴的清官。

况钟

况钟（公元1383年—1443年），字伯律，号龙岗，又号如愚，江西靖安（今江西省靖安县）人，明代著名清官，曾任苏州知府十三年。况钟刚正廉洁，执法如山，爱民惠民，深得民心，被誉为"况青天"。

况钟出身贫寒，自幼聪颖好学，秉公正直，办事干练，因而被举荐为苏州知府。当时的苏州以丝绸工艺闻名，又是著名的粮仓，按理说应该是富庶之地，但由于长期以来吏治败坏，地方豪强和贪官污吏勾结起来，肆意盘剥百姓，反而成了最难治理的地方。为此，况钟刚上任时，在摸清下属官吏的真实面目后，掌握了他们的犯罪事实，处死了几个罪大恶极的首要分子，同时废除了原先烦琐苛刻的规定，订立了条章制度，从此苏州吏治逐渐清明，整个苏州府面貌焕然一新。

况钟

况钟了解到苏州百姓田租负担非常重，就先从自己能解决的小制度着手，减轻农民负担。如宣布农户纳粮就近入仓，保证精壮劳力不误农时等，同时上奏朝廷减免田租七十余万石，让农民真正享到实惠。他还设置了"济农仓"，以备不时之需，他在任时，存粮最多时达六百九十万石。期间，苏州多次发生水患灾情，都没出现灾民饿死的情况。

苏州丝绸工艺名闻天下，当时皇家太监到苏州采买丝绸时往往借机敛财。况钟不畏权宦，上奏朝廷，力陈此弊，基本消除了太监扰民的现象。

况钟还是一个精明干练的断案能手。面对前任知府留下来的堆积如山的诉讼案件，况钟到苏州下辖的七个县轮流问案，不到一年就审理完毕，且全部处置得当，无一人叫屈，百姓称他为"况青天"。

况钟断案的故事在民间广为流传，并被编成了戏曲传唱，著名的昆曲《十五贯》就取材于况钟断案的故事，体现了他体察民情、刚正不阿、执法严明的清官形象。

知识卡片3-6

昆曲《十五贯》

◎昆曲

昆曲是汉族传统戏曲中最古老的剧种之一，发源于苏州昆山，明清时期经曲唱家魏良辅等人多次改良后走向全国。昆曲以曲词典雅、行腔婉转、表演细腻著称，糅合了唱念做打、舞蹈及武术等艺术形式，对其他地方戏曲的形成和发展产生过重大影响，被誉为"百戏之祖"。2001年联合国教科文组织把昆曲列为"人类口述和非物质遗产代表作"。

苏州为膏腴之地，况钟却廉俭自奉，并严格约束自己的家人。

任期届满时，他写下"清风两袖朝天去，不带江南一寸棉。惭愧士民相饯送，马前洒泪注如泉"一诗，以明心迹。后来苏州两万多民众联名上书朝廷，请求况钟留任，朝廷顺应民意，在表彰况钟清正廉洁的同时授予他正三品职务，继续担任苏州知府。

公元1443年，况钟病死苏州任上，终年六十岁。苏州百姓无不悲痛难抑，自发前往他的灵堂祭奠，附近其他州县的民众也纷纷前去吊唁。他的灵柩从苏州运往老家时，百姓纷纷走出家门，沿途相送。而运载况钟灵柩的船中，只有书籍和他的衣服等生活用品而已。这充分反映了况钟心系百姓、勤政爱民、克己奉公的道德情操，为后世为官者树立了榜样。

海瑞

海瑞（公元1514—1587年），字汝贤，海南琼山（今海口市）人，中国历史上著名的清官。他一生清廉节俭，刚正不阿，敢于直言，惩恶扬善，一心为民，被后人誉为"海青天"。

海瑞四岁丧父，与母亲谢氏相依为命。谢氏深知教育的重要性，在海瑞小时就让他读《孝经》《尚书》《中庸》等圣贤书，在母亲的督导下，海瑞刻苦读书，立志要做个不谋私利、刚正不阿的好官，因此自号"刚峰"。

由于家境贫寒，海瑞从小就帮母亲下地干活，读书断断续续。长时间的底层经历让海瑞切实体察到了百姓的疾苦，这对他日后的政治生涯产生

海瑞

了重大影响。

公元1562年，已经四十八岁的海瑞被任命为淳安知县，正式步入仕途。此后十八载，他历任州判、户部主事、兵部主事、尚宝丞、两京通政、都御史等职，无论官居何位，他都廉洁自律，除俸禄外，从不接受不义之财。

海瑞生活极为俭朴，他穿布衣，吃粗粮，在淳安做县令的时候，亲自率领仆人在衙门后的空地种粮种菜，自给自足。有一次他的老母亲过生日，海瑞才上街买了两斤肉，以至于在当时都成了轰动一时的大"新闻"。

海瑞严格按条法办事，从不搞特殊化。都御史鄢懋卿出京巡查时，自恃官居高位，带了一大帮随从，耀武扬威，其他的地方官员都极尽奢华来巴结他，然而当来他来到淳安县时，海瑞却安排人按规定供应平常的酒饭，还借口说县衙狭小不能容纳众多的车马，对他的随从人员不管不顾，鄢懋卿十分气愤，但又无可奈何，只得灰溜溜地走了。

海瑞一生清廉，甚至到了不近人情的地步。当时官场的风气，新官上任时，亲朋好友、同僚下属中总会有人来送些礼品礼金，以示祝贺，要说这也是人之常情。然而海瑞却公开贴出告示说："今日做了朝廷官，便与家居之私不同"，并把送来的礼品一一退还本人，连老朋友也不例外。至于公家的便宜，海瑞更是一分也不占。他当兵部主事时，有一次负责给他发放俸禄的人马虎大意，多给他算了七钱银子，他算清后马上退了回去。

海瑞不仅严于律己，还严格约束下属官员。他当应天巡抚时，曾颁布《督抚宪约》，规定上级官员出巡，各地一律不准出城迎接，伙食也不准超过规定标准，更不准设宴款待。

海瑞敢于直言，看到不公正的事情就要上书弹劾，据说文武百官没有不被他"骂"过的，连皇帝也不例外。当时的明世宗朱厚熜迷信巫术，不理朝政，一心问道以求长生不老，海瑞就写了一篇《治安疏》批评他。明世宗看了大怒，命令侍卫说："快去把海瑞抓起来，不要让他跑掉！"宦官黄锦在旁边说："听说他上疏之前就买好了棺材，并和家人诀别，他自己是不会逃跑的。"明世宗听了默默无言，只好作罢。

海瑞去世后，金都御史王用汲主持丧事，看到海瑞家里一贫如洗，只有粗布做成的帷帐和一些破烂的竹器，禁不住哭了起来，和朋友一起凑钱为海瑞办理了丧事。

海瑞的刚正不阿和清廉作风深得百姓的拥护和爱戴。他死后，从江上归葬时，南京市民生意都不做了，纷纷去为他送行，长江沿岸挤满了穿白衣白帽的百姓，人们失声痛哭，把酒洒在江中祭奠他，绵延一百多里。

家风家训

第四节　勤奋好学的典范

> 路漫漫其修远兮
> 吾将上下而求索
> ——屈原《离骚》

司马光

司马光（公元1019年—1086年），字君实，号迂叟，陕州夏县（今山西省夏县）人，北宋时期著名的政治家、史学家、文学家。司马光酷爱读书，一生笔耕不辍，曾主持编纂了编年体通史《资治通鉴》。

司马光出身名门，他的父亲司马池在宋真宗和宋仁宗时期曾担任过六个地方的官职，以"清直仁厚"闻名于天下。司马光从小受父亲影响，酷爱读书。据说他睡觉时总是枕一块圆木，意为"警枕"。这种枕头硬梆梆的，稍微一动就会滚动，这样司马光便能醒来读书。正是靠着这样的勤奋和博学，才有了日后司马光在史学和文学上的巨大成就。

司马光虽曾担任过北宋时期中央和地方等

司马光

第三章 家风家训如何塑造中国人

不同的官职,但总体来说他在政治方面的成就平平,由于反对王安石变法,他也被认为是中国古代士大夫保守思想的典型代表而不被重用。公元1071年起,司马光担任了一个西京御史台的闲职,自此他离开了北宋的政治中心开封,安居洛阳十五年,不问政事。在这段悠闲的岁月,司马光主持编撰了二百九十四卷近四百万字的编年体史书《资治通鉴》。

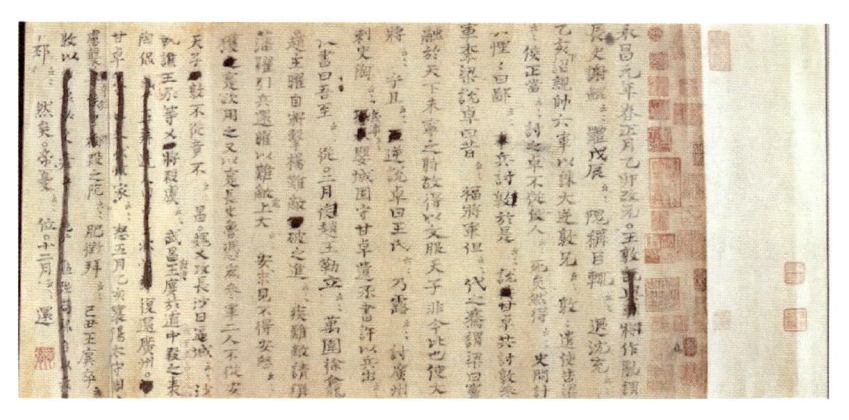

宋司马光《通鉴》稿

对于编撰《资治通鉴》,司马光早就有这样的想法。他是一个博学的人,总感到我国历代史籍浩瀚繁杂,普通人很难做到通读遍览,这使他产生了对史籍进行整理、摘其精要、汇编成书的想法,以利后人阅读。之前在为官期间,司马光就编写了《历年图》五卷,把从周朝起到北宋建国前的史事编成了一个大事年表,按时间顺序排列,每年一行,所包括的时间范围恰好与《资治通鉴》的时间范围相同。《历年图》可以看作是《资治通鉴》的编写提纲。

闲居洛阳后,司马光把全部精力都用在了编撰《资治通鉴》上。他首先编写提纲,然后再交给他人分头收集史料,编成长编。

长编汇总以后，司马光又亲自修改加工，去粗取精，删繁就简，统一体例和风格，决定史料最后的取舍。据说当时稿子整整堆满了两间大屋子，其中仅唐代长编就有六百多卷，司马光通宵达旦地修改，最后只删存八十一卷。

司马光写书极其认真，从流传下来的《宋司马光通鉴稿》来看，他一丝不苟，全部用楷书写就，字迹工整，绝无一点潦草痕迹。

《资治通鉴》是我国古代第一部编年体通史，全书共二百九十四卷，通贯古今，记载了从战国初期到五代灭亡间一千三百六十二年的历史。司马光为此书付出了毕生精力，他自己也说："研精极虑，穷竭所有，日力不足，继之以夜。"由于过度疲劳，司马光衰老得很快，以至于牙齿早早便脱落了，视力也日益下降，成书不到两年，他便积劳而逝。

《资治通鉴》自成书以来，历代帝王将相、文人骚客、各界要人对其赞誉有加，将其与《史记》并列为中国史学的不朽巨著，司马光也与司马迁并称为"史学两司马"。

李时珍

李时珍（公元1518年—1593年），字东璧，湖北蕲春县人，我国古代著名的医药学家。他历经二十七个寒暑，跋山涉水，遍尝百草，精研药学，撰写了世界医药史上的巨著《本草纲目》，被后世尊为"药圣"。

李时珍出生在一个医学世家，祖父、父亲都是医生。耳濡目染下，李时珍自幼就喜欢医学，二十三岁的时候开始跟随父亲学医，

第三章　家风家训如何塑造中国人

由于他刻苦专研，医术日益精进，治好了不少疑难杂症，名气也越来越大，后来被推荐到太医院工作。

太医院是明朝的中央医疗机构，收藏了很多珍贵的医学资料和药物标本，这让李时珍有机会饱览前人留下的医学典籍，并看到许多平时难以见到的药物标本。他一头扎进书堆，夜以继日地研读医典，摘抄和描绘药物图形，努力汲取着前人留下的医学精髓。

李时珍

在刻苦专研的同时，李时珍深感古人对中草药的研究存在很大的不足，对药物的性状、习性和生长情形缺少完整系统的描述和记载。为此，他决定写一本关于药物的书，以造福后人。

由于古人对药物的记载并不详细，李时珍便深入山间田野，实地对照，辨认药物。据史料记载，除湖广外，李时珍还先后到过江西、安徽、江苏、河南等地，足迹遍及大江南北，行程达两万余里。他一边走，一边问，收集了大量民间治病的验方、土方，还亲自去荒僻的深山里采药。对于收集到的药物资料，李时珍一一记录下来，和古代医学书籍进行对照、验证，并加以补充和完善。

李时珍不仅虚心好学，还注重亲身实践。为了真正弄清药物的习性，他经常以身试药，许多药材他都亲口品尝，以准确判断药物的药性和药效，好几次都差点为此丢了性命。就这样，在历尽千辛万苦之后，李时珍将他精心积累的大量的医药资料整理出来，写成了《本草纲目》一书。

家风家训

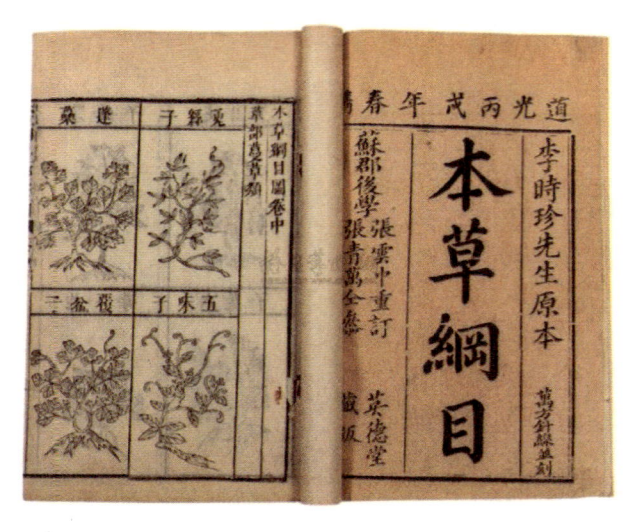

《本草纲目》书页

《本草纲目》全书52卷，收录药物1892种，其中有374种是过去没有记载的新药物。该书对每一种药物的名称、性能、用途和制作方法都做了详细说明。书中还附有1100余首药方，1160幅药物形态图。

《本草纲目》一经面世就广为流传，成为全世界人民的宝贵财富。直到现在，《本草纲目》仍是世界医学史上的一部重要文献，也是中国人对世界医学发展做出的伟大贡献。

第三章　家风家训如何塑造中国人

第五节　自强自立的典范

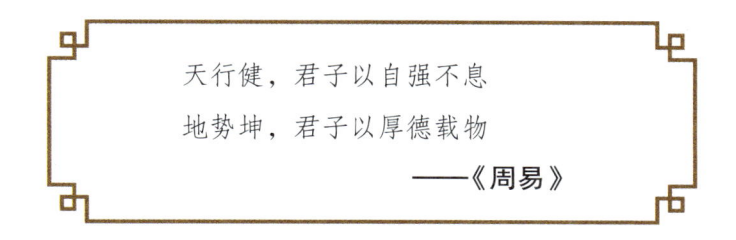

> 天行健，君子以自强不息
> 地势坤，君子以厚德载物
> ——《周易》

林则徐

林则徐（公元1785年—1850年），字元抚，又字少穆、石麟，福建侯官县人，我国近代著名的思想家、政治家，在清朝末年国家积弱、民族危亡的紧要关头，他力主严禁鸦片，奋力抗英，被誉为民族英雄。

林则徐出生在一个贫寒家庭，他的父亲是一个开明的私塾教师，不仅传授学生知识，还非常注重品格修养。林则徐自小随父亲读书，据说他四岁时已能识字，七岁时就熟练掌握了各种文体，在父亲的精心教导下，他不仅知识学问根基扎实，还树立了治国平天下的远大志向。

公元1804年，林则徐中举人，从此踏上了仕途。他先后担任过翰林编修、江南道监察御

林则徐半身像（清·李岳云）

史、江苏按察使、江宁布政使、江苏巡抚、湖广总督、陕甘总督和云贵总督等官职。期间，他心系百姓，在农业、漕务、治水、救灾、吏治等各方面都做出过突出贡献。

林则徐所处的年代正是中华民族面临生死存亡的关键时期。从十八世纪末到十九世纪初期，以英国为主的西方商人为了牟取暴利，以广州为据点，大肆向中国倾销鸦片。鸦片的泛滥不仅造成白银大量外流，而且极大地摧残了吸食者的身心健康，如果任其发展下去，中华民族必将面临灭亡的危险。面对内忧外患，林则徐挺身而出，主动请缨前往广州禁烟。

林则徐于1839年3月抵达广州，他先是深入烟馆调查，收集了大量的证据，接着便以雷霆手段封锁外国商人把持的十三行，强迫其交出鸦片。6月3日，林则徐在广州虎门海滩用石灰水当众销毁所有收缴的鸦片，史称"虎门销烟"，前后二十三天，共销毁鸦片二百多万斤，有力捍卫了国家主权，维护了民族尊严。

虎门销烟直接损害了英国资产阶级的利益，英国政府悍然发动了第一次鸦片战争。1840年6月，英军派舰队封锁珠江口，开始进攻广州，林则徐在严密布防的同时，带领广州人民奋起还击，沉重打击了英军的势焰。然而，由于清政府的腐败无能，英军沿海北上，占领了天津大沽，面对英国殖民者的坚船利炮，清政府惊慌失措，被迫与英国议和，林则徐也遭投降派诬陷，被革职流放到新疆伊犁。

第一次鸦片战争的失败让林则徐深切地认识到，只有打开国门，向西方学习，"师夷长技以制夷"，才能抵御外国的侵略。为此，1845年，林则徐重新出山后，对西方的文化、科技持开放态度，提出了"师敌之长技以制敌"的主张。在此后的为官生涯里，他主持设立译馆，翻译西方国家书报、法律、军事技术等著作，组织编译《四洲志》，开创了近代研究西方的风气。为了适应当时对外斗争的需要，他还让人编译了《国际法》，这在中国法学史上也是一个划时代的事件。针对清朝军事技术落后的现状，林则徐提出了学习西方先进技术，发展民族工商业，加快制炮造船的主张，对后来的洋务运动具有启发作用。

"苟利国家生死以，岂因祸福避趋之。"林则徐以其过人胆识和自强精神，在中国近代史上写下了浓重的一笔。

左宗棠

左宗棠（公元1812年—1885年），字季高，号湘上农人，湖南湘阴人，晚清时期著名的政治家、军事家，洋务运动的推动者之一，他率军平定新疆全境，维护了国家统一和领土完整，被称为民族英雄。

左宗棠出生在湖南湘阴一个富裕的农民家庭，他生性聪颖，志向远大，相较于儒家经典，他更喜欢读的是有关农业、历史、地理、军事、水利等方面的书，因为他觉得这些才是真正的经世济民的学问。可是那时的科举考试并不考这些，因此，左宗棠先后三次赴京参加科举考试都名落孙山。

然而，是金子总会发光的。左宗棠由于潜心专研经世之学，其志向和才干也得到了当时很多名流显宦的赏识。1850年，林则徐暮年回乡，曾与左宗棠彻夜长谈，说起古今形势，点评历代人物，尤其是对"西域时政"（也就是新疆地区的屯田、水利等），左宗棠讲

起来头头是道，林则徐称赞他是"绝世奇才"。

1852年，太平天国农民起义军围攻长沙，左宗棠应当时湖南巡抚张亮基之聘出山，协助守卫长沙。在这里，他的军事才能得到了充分的展示，太平军围攻三个月无果，不得已撤退而去，左宗棠也因此开启了仕途生涯。之后的十四年，左宗棠的官职随着他对农民起义军的有力镇压而不断晋升，到1863年，他已升任闽浙总督。

虽然一直在与太平军作战，但左宗棠也时刻关注西方列强的动向，其时第二次鸦片战争（1856—1860年）已经结束，面对失败，左宗棠感受到中国面临着"数千年未有之变局"，再不自强求变就会有国家灭亡、民族沉沦的危险。强烈的责任感和危机意识让他投身到洋务运动中，并积极加以推动。1866年，他在闽浙总督任上主持兴建了福建马尾造船厂，并创办"求是堂艺局"（也称"福建船政学堂"），培养造船技术和海军人才。

福建船政学堂

1872年，在陕甘总督任上，他创办甘肃机器制造局（即兰州制造局），修造枪炮。1880年，他又创办兰州机器织呢局，成为中国近代纺织工业的鼻祖。

左宗棠一生最大的贡献是收复新疆。1864年，正值太平天国运动和陕甘回民变乱之际，新疆各地豪强趁机脱离清王朝统治，出现了割据纷争、自立为王的混乱局面。沙皇俄国也趁机于1871年侵占了我国伊犁地区。1875年，已是垂暮之年的左宗棠被任命为钦差大臣，督办新疆军务。面对内忧外患，背负着国人重托，左宗棠率领六万湖湘子弟从兰州出发，一路西行，浩浩荡荡。按照预先制定的"先北后南，缓进急战"的军事策略，夜袭黄田，攻克乌鲁木齐，力克吐鲁番等城，肃清和田之敌取得了完全胜利，收复了除伊犁外的新疆大部分地区。

为收复伊犁，左宗棠一边开展外交斗争，一边分兵三路做好军事准备。迫于左宗棠的强军备战压力，沙皇俄国最终作出让步，1881年初，中俄签定《伊犁条约》，中国收回了伊犁以及特克斯河上游两岸领土。

左宗棠率部西征时，一边进军，一边修桥筑路，沿途种植榆杨柳树。从兰州到乌鲁木齐，凡大军经过之处，所植道柳连绵不断，被后人称作"左公柳"。

平定新疆之后，左宗棠大力兴修水利，筑路、屯田、植树，促进了新疆的发展。他极力建议新疆改设行省，对我国西北边境的长治久安做出了巨大的贡献，其功绩遗泽至今。

第六节 睦邻友善的典范

> 爱人者，人恒爱之
> 敬人者，人恒敬之
> ——孟子

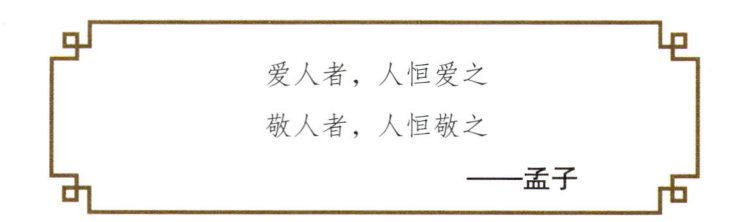

鉴真

鉴真（公元688—763年），唐朝扬州江阳县（今江苏扬州）人，俗姓淳于，十四岁时出家，由于刻苦好学，最终成为一代高僧，律宗南山宗传人。他先后六次东渡，历尽千辛万苦，终于到达日本，为促进中日文化交流做出了巨大贡献。

鉴真十四岁随父于扬州大明寺出家，跟随智满禅师为沙弥，由于他刻苦好学，二十六岁时已成为精通佛教律宗学说的著名高僧。公元742年，日本僧人荣睿到达扬州，恳请唐朝高僧前往日本传授佛教精义，并为日本信徒授戒。在当时，漂洋过海去日本是一件很危险的事，寺院里其他僧人都低头默然无语，只有鉴真慨然应允。

在此后的七、八年间，鉴真置个人生死于不顾，先后五次东渡日本，但都因为遭官府阻拦或遇飓风巨浪未能成功。其中，第五次东渡时鉴真已年逾六十岁。船队从扬州出发，刚过狼山（今江苏南通）附近就遭遇狂风巨浪，三次避风三次起航，在海上漂流了半个多月，由于食物、淡水都让风浪给打没了，靠着吃生米、喝海水才活了下来，最后在海南岛南部靠岸。后经长途跋涉，辗转数月才回到扬州，旅途的困顿和炎热的天气使得鉴真身患重病，双目也因此失明。

公元753年，日本派来唐朝的使者在回国前亲自拜访鉴真，再次邀请他赴日传法，当时的鉴真已是六十六岁高龄，但他欣然允诺，率弟子僧侣等共二十四人第六次跨海东渡，在历尽千辛万苦之后，终于在一年之后到达日本奈良，受到了日本朝野的盛大欢迎。

鉴真和尚坐像（日本唐招提寺藏）

此后余生，鉴真定居日本，传播佛学和中国传统文化，对中日两国文化交流做出了巨大贡献。

鉴真东渡时带了很多佛经和医书。他在日本讲授佛经、传播佛教律宗文化，主持了许多重要的佛教仪式，成为日本佛学界的一代宗师，被日本人尊为律宗初祖。鉴真还大力传播张仲景的《伤寒杂病论》等医学知识，被日本人民奉为医药始祖。十八世纪时，日本药店的药袋上还印有鉴真的图像，可见其影响之深。

鉴真还把中国先进的建筑技术带到了日本，他设计主持建造的唐招提寺坚固异常而又美轮美奂，被日本人民看作艺术明珠。寺内的金堂采用了唐代最先进的建筑方法，历经一千二百多年的风雨仍坚固异常，特别是在1597年的日本大地震中，周围其他建筑尽皆毁

家风家训

日本奈良唐招提寺

坏，金堂仍然完好无损，成为研究中国古代建筑艺术的珍贵实物。

鉴真还让中国书法和雕塑艺术在日本广为流传。第六次东渡时，鉴真随身携带了王羲之的行书真迹一幅（"丧乱帖"）、王献之的行书真迹三幅，以及其他各种书法50卷，对日本书道的形成起到了极大的促进作用，他本人的作品"请经书贴"也被誉为日本国宝。鉴真还在日本用唐朝盛行的"干漆法"塑造了许多佛像，使雕塑艺术在日本推广并发扬光大。鉴真晚年，他的弟子们用此法为他塑造了一尊坐像，至今仍供奉在唐招提寺内，被定为日本"国宝"。

公元763年，鉴真在日本圆寂，年七十六岁。鉴真六次东渡，历经磨难，矢志不渝，在中日文化交流史上谱写了辉煌的篇章，他不仅是中华文明的使者，也是中华民族睦邻友善的典范。

郑和

郑和（公元1371—1433年），原名马和，小名三保，云南昆阳（今云南晋宁县）人，明朝时期著名航海家、外交家。他七下西洋

（现东南亚和印度沿岸地区），最远到达过红海沿岸和非洲东海岸，将中华民族热爱和平的信念传遍四方。

郑和原本叫马和，他的祖先曾是元朝云南王麾下的贵族，信奉伊斯兰教，他的祖父和父亲也是虔诚的伊斯兰教徒，曾经跋涉千里去麦加朝圣，他自小受到家庭影响，富有冒险精神。

马和十岁的时候，明军进攻云南，他被明军虏到南京，做了一个小太监。

十四岁的时候，他被送给在北平的燕王朱棣，因天资聪颖、勤奋好学，深受朱棣的器重，之后跟着朱棣南征北战，立下大功。明成祖朱棣即位后，赐他"郑"姓，故史称"郑和"。

郑和

郑和懂兵法，有谋略，英勇善战，具有军事指挥才能。公元1405年7月，郑和被任命为西洋总兵正使，率领由二百四十多艘海船、两万七千多名船员组成的庞大船队，从福建出发，开启了第一次下西洋之旅。郑和一路到达过苏门答腊、满剌加、锡兰、古里等国家，在传播中华文化的同时也开展海外贸易，调解西洋各国之间的矛盾，返程时还剿灭了马六甲海峡一带的海盗，抓获其首领，保证了海上交通安全。之后二十多年间，郑和六次率船队下西洋，最远到达过红海沿岸和非洲东海岸。公元1433年，郑和在归国途中积劳成疾，于古里（今印度卡利卡特）病逝。

家风家训

郑和下西洋路线图

（来源：《高中历史必修中外历史纲要（上）》，人民教育出版社2023年版。）

郑和是世界航海史上的先驱，他最早开辟了贯通太平洋西部与印度洋的直达航线，这是人类历史上最早的一次远航，比哥伦布发现美洲大陆还要早87年。

郑和七下西洋期间，妥善处理各种外交事务，消除隔阂，调解矛盾，平息冲突，积极推行和平外交，维护了海上安全和东南亚、南亚地区的稳定，提高了明朝的国际声望。郑和还推动了中外文化交往。东南亚、南亚、非洲一些国家和地区当时社会发展比较落后，非常向往中华文明。郑和在开展海外贸易的同时，也将中华礼仪、儒家思想、历法、农业、制造和建筑雕刻技术、医术、航海技术等远播海外，在中外文化交流史上写下了辉煌的篇章。郑和七下西洋，带去的是友善，收获的是和平。

第七节　智勇担当的典范

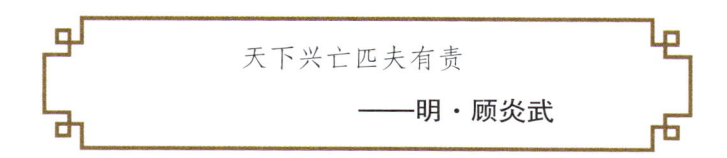

> 天下兴亡匹夫有责
> ——明·顾炎武

班超

班超（公元32—102年），字仲升，扶风平陵（今陕西咸阳）人，东汉时期著名的军事家、外交家。他两次出使西域，以其超人的胆识和智慧，为中国多民族国家的形成、巩固和发展做出了不朽的贡献。

班超出身名门，他的父亲班彪、哥哥班固、妹妹班昭都是我国古代著名的史学家。只有他投笔从戎，弃文就武，并取得了非凡的成就。

公元73年，汉朝派窦固攻打匈奴，班超随军北征，担任代理司马一职，曾率兵进击伊吾（今新疆哈密西），斩俘很多敌人。窦固很赏识他的才干，就派他率领三十六名部下出使鄯善国。

班超到了鄯善国（今新疆罗布泊西南），匈奴使者

班超

也率领一百多人的随从紧跟着来了。面对班超和匈奴的使者，鄯善国王对是否归附汉朝摇摆不定，于是班超决定夜袭匈奴使团。部下担心寡不敌众，班超慨然说到："不入虎穴，焉得虎子！"他趁着夜色，亲率将士突袭匈奴使者驻地，打败了匈奴人，斩其使者。鄯善王大惊，表示愿意归附汉朝。

班超出色地完成了出使鄯善国的使命，受到了汉朝皇帝的赏识，并正式派他为使者出使西域诸国。

班超到了于阗（今新疆和田），于阗的神巫勾结匈奴使者暗中阻扰，班超就杀了神巫，并向于阗国王晓以利害，于阗国王随即下令杀了匈奴使者，归附汉朝。

此前，天山南麓的龟兹国倚仗匈奴的势力，派兵攻破疏勒国（在今新疆喀什一带），另立一龟兹人为疏勒王。公元74年，班超派人劫持了这个冒牌的"疏勒王"，再把疏勒的文武官员集中起来，宣布立原来被杀掉的疏勒国君的侄儿为国王，平定了疏勒。

公元75年，天山南麓的焉耆自恃有匈奴庇护，杀死了东汉派去的西域都护，班超陷入孤立无援的困境，面对危险，班超联合疏勒国坚守了一年多。朝廷担心班超难以长时间支撑，便命他回国，得到这个消息，疏勒举国忧恐。班超到了于阗后，于阗国王和百姓都挽留他，班超见状便重返疏勒。当时疏勒有两座城在班超走后已经重新投降了龟兹，班超捕捉了反叛首领，使疏勒重新安定了下来。

此后几年，班超先是率兵攻击依附匈奴的龟兹国，使其处于孤立境地，同时又平息了多起西域诸国之间的内乱，到公元89年，班超率领于阗等国两万多士兵，攻击投靠了匈奴的莎车国，在敌强我弱的情况下，以调虎离山之计大破敌军，莎车国就此向汉朝投降，班超声名威震西域。

此前，大月氏提出要娶汉朝公主为妻，被班超拒绝，大月氏国王心生怨恨。公元90年夏，大月氏国派了七万兵马，越过帕米尔高原攻打班超。班超率领几千兵马，在正面采取坚壁清野的防守策略，然后派兵切断其和龟兹国之间运粮通道，大月氏兵马进退无据，只好派使者向班超请罪，班超放他们回去后，大月氏国与汉朝和好如初。

班超卓越的军事才能震服了西域诸国，公元91年，龟兹、姑墨、温宿等国皆归降汉朝。此后，公元94年秋，班超率领西域各国七万兵马，平定了其余没有降服的焉耆等三国。至此，西域五十多个国家都归附了汉朝。之后汉朝重新在西域设置了都护府，开启了对西域的统治。

公元102年，七十一岁的班超获准回国，不久因病去世，结束了其光辉传奇的人生。班超在三十一年的时间里，平定西域，为西域诸国回归和民族融合做出了巨大贡献。

戚继光

戚继光（公元1528—1588年），字元敬，号南塘，山东定远（现山东半岛一带）人，明朝杰出的军事家、书法家。戚继光英勇果敢，南下抗倭，确保沿海人民的生命财产安全；北上拒蒙，促进蒙汉民族的和平发展，被誉为民族英雄。

戚继光（山东博物馆藏）

戚继光出生在军人世家，他的祖父戚祥是明朝开国将领，父亲戚景通也曾担任过都指挥的军职，这让他从小就接受了良好的军事教育。戚继光幼年时就喜欢读书，在儒家经典和史籍文献的熏陶下，他找到了自己的人生目标，那就是保国安民。他曾经写诗说："封侯非我意，但愿海波平。"

公元1544年，戚继光继承祖上的职位，担任登州卫指挥佥事，主要负责协助部队训练和军纪工作，在这里，戚继光开始了他的军事生涯。

当时的明朝采取闭关锁国的政策，严禁对外贸易，尤其是海上贸易。在这种情况下，日本一些封建主就组织武士、商人和浪人，与明朝的一些不法商人勾结起来，开始了走私贸易，等到他们武装起来以后，干脆就干起了武装走私和抢劫烧杀的海盗活动，在当时被称为"倭寇"。由于他们来去飘忽不定，明朝军队很难防范，当时在江浙福建一带，倭寇猖獗横行，杀人放火，肆意抢掠，百姓深受其害。

公元1555年，戚继光被调往浙江都司佥事并担任参将一职，由此开始了他的抗倭斗争。戚继光在山东时就发现，明军纪律松弛、缺少训练，比起那些熟练使用倭刀、重箭的倭寇来，战斗力实在太弱，因此他决定建立一支纪律严明、作战勇敢、训练有素的军队，于是戚继光到金华、义乌等地招募了三千农民，并亲自训练他们，这便是早期的"戚家军"。针对倭寇主要横行在沿海一带的乡间田野的实际，戚继光创立了"鸳鸯阵"，此阵法以十二人为一队，阵法可随机应变，攻防兼宜，尤其适合于山林、道路、田埂等狭窄地形作战，成为戚家军对倭寇作战时的主要阵法。

戚继光不光是一位军事家，还是一位杰出的兵器专家和军事工程家，他改造、发明了各种火攻武器，主持建造的大小战船、战车，使明军的水路装备优于倭寇。

戚家军训练成形以后，从1557年到1565年，戚继光率领戚家军先后发起了岑港、台州、福建、兴化、仙游等几次打击倭寇的战役，与另一位抗倭名将俞大猷协同作战，彻底打击了倭寇的势焰，削弱了其实力，基本上杜绝了倭患的发生，维护了明朝海防的安全和稳定。

平定倭寇以后，戚继光又被调往北方，主要负责蓟、辽一带的军队训练和防务。在这里，戚继光抗击蒙古部族内犯十余年，保卫了明朝北部疆域的安全。

第八节 舍生取义的典范

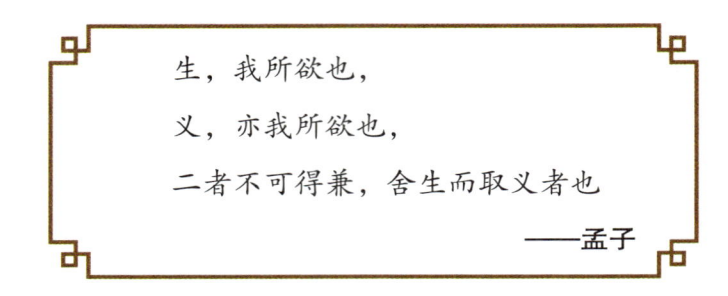

> 生，我所欲也，
> 义，亦我所欲也，
> 二者不可得兼，舍生而取义者也
> ——孟子

文天祥

文天祥（公元1236—1283年），字宋瑞，号文山，吉州庐陵（今江西吉安）人，我国南宋末年著名的政治家、文学家。在国家存亡之际，文天祥坚贞不屈，舍生报国，留下了"人生自古谁无死？留取丹心照汗青！"的千古名言。

文天祥的父亲是个读书人，一生嗜书如命，学问十分渊博，在父亲的影响下，文天祥对诸子百家无不精通，尤其喜欢读忠臣传。有一天，文天祥去吉州的学宫参观，看到学宫中陈列的欧阳修、杨邦义、胡铨等人的画像，十分钦佩和敬慕，他说："如果不能成为其中的一员，就不算是真正的男子汉。"

公元1256年，文天祥赴京师临安（今浙江杭州）参加科举考试，殿试时他以古代的事情作为借鉴，洋洋洒洒写了万字长文，其中处处体现他的赤胆忠心，宋理宗阅后十分欣赏，钦定他为状元。从此，二十一岁的文天祥步入了仕途。

当时的南宋政权已处于风雨飘摇之中。北方强大的蒙古政权（元朝）对南宋虎视眈眈，公元1259年，元朝向南宋发动大规模的入侵战争，当年九月，忽必烈率元军包围了鄂州（今湖北武昌），消息传到南宋都城临安，朝野震动，一些人提议迁都四明（今浙江宁波）。面对社稷危亡，文天祥挺身而出，向宋理宗上书，指出迁都是误国之策，他还建议改革政治、扩充兵力、抗元救国。

文天祥纪念馆

然而，南宋王朝长期以来的腐朽统治已失去民心，元朝军队长驱直入，直逼都城临安，文武官员纷纷出逃，危难之际，文天祥被任命为右丞相兼枢密使，与元军谈判讲和，遭到扣押。南宋统治者见大势已去，投降了元军，南宋王朝就此灭亡。

文天祥在被押送镇江的路上逃了出来，他历尽艰险，坐船从海路到达温州，之后，文天祥在江西继续组织队伍，开展抗元斗争。直到公元1278年，由于叛徒告密，文天祥遭到元军伏击，终因寡不敌众，战败被俘。

文天祥被护送到元朝都城大都（今北京）关押起来。元世祖忽必烈钦佩文天祥的气节和才华，想授予文天祥高官显位，一些投降

家风家训

了元朝的故旧好友也来劝降他,都被他拒绝。他写了《过零丁洋》一诗,表明自己以死报国的决心,诗的最后两句就是:"人生自古谁无死?留取丹心照汗青!"

文天祥在大都被扣押了三年。在狱中,他创作了《正气歌》等许多充满爱国主义情怀的诗歌。

知识卡片3-7

◎正气歌(并序)

余囚北庭,坐一土室。室广八尺,深可四寻。单扉低小,白间短窄,污下而幽暗。当此夏日,诸气萃然:雨潦四集,浮动床几,时则为水气;涂泥半朝,蒸沤历澜,时则为土气;乍晴暴热,风道四塞,时则为日气;檐阴薪爨,助长炎虐,时则为火气;仓腐寄顿,陈陈逼人,时则为米气;骈肩杂遝,腥臊汗垢,时则为人气;或圊溷、或毁尸、或腐鼠,恶气杂出,时则为秽气。叠是数气,当之者鲜不为厉。而予以孱弱,俯仰其间,於兹二年矣,幸而无恙,是殆有养致然尔。然亦安知所养何哉?孟子曰:"吾善养吾浩然之气。"彼气有七,吾气有一,以一敌七,吾何患焉!况浩然者,乃天地之正气也,作正气歌一首。

　　天地有正气,杂然赋流形。下则为河岳,上则为日星。
　　於人曰浩然,沛乎塞苍冥。皇路当清夷,含和吐明庭。
　　时穷节乃见,一一垂丹青。在齐太史简,在晋董狐笔。
　　在秦张良椎,在汉苏武节。为严将军头,为嵇侍中血。
　　为张睢阳齿,为颜常山舌。或为辽东帽,清操厉冰雪。

或为出师表，鬼神泣壮烈。或为渡江楫，慷慨吞胡羯。
或为击贼笏，逆竖头破裂。是气所磅礴，凛烈万古存。
当其贯日月，生死安足论。地维赖以立，天柱赖以尊。
三纲实系命，道义为之根。嗟予遘阳九，隶也实不力。
楚囚缨其冠，传车送穷北。鼎镬甘如饴，求之不可得。
阴房阒鬼火，春院闷天黑。牛骥同一皂，鸡栖凤凰食。
一朝蒙雾露，分作沟中瘠。如此再寒暑，百沴自辟易。
嗟哉沮洳场，为我安乐国。岂有他缪巧，阴阳不能贼。
顾此耿耿在，仰视浮云白。悠悠我心悲，苍天曷有极。
哲人日已远，典刑在夙昔。风檐展书读，古道照颜色。

史可法

史可法（公元1602年—公元1645年），字宪之，号道邻，河南祥符（今河南开封）人，明末抗清名将。他困守孤城扬州，宁死不降，展示了高尚的民族气节，受到世人景仰。

史可法小时候家境贫困，曾借住在一座古庙里刻苦读书。明万历年间，他回到原籍大兴参加乡试，得中第一名，当时的主考官左光斗非常欣赏他，自此史可法就成了左光斗的学生。左光斗为官清正、光明磊落，是一位品德高尚、学识渊博的政治家。然而受大宦官魏忠贤陷害，含冤死在狱中，但他钢铁般顽强不屈的意志深深地影响到了史可法的余生。

史可法（南京博物院藏）

家风家训

史可法墓祠

公元1628年，史可法中进士，被授予西安府推官职务。此后，史可法历任户部主事、员外郎、郎中等官职。1643年，史可法因多次参加镇压农民起义军，升任南京兵部尚书。但这时的明王朝在农民起义军和满清政权的双重打击下已摇摇欲坠。到1644年4月，李自成率农民起义军攻陷北京，明朝灭亡。史可法等人又拥立福王朱由裕到南京即位，建立了南明政权，但这时的明王朝已然气数殆尽。

1645年，清军攻陷南京，南明政权灭亡，各地官员纷纷降清，只剩下史可法孤守扬州。清军主帅多铎数次派人劝降，都被史可法严词拒绝，他回答说："城存与存，城亡与亡，我头可断，而志不可屈。"清军劝降不成，便四面攻城。史可法率百姓英勇抗击，在坚守二十五天后，终因寡不敌众，城破身亡。

纵观史可法一生，虽然没有取得令人瞩目的成就，但他在国家危难之际挺身而出、舍生取义的行为，永远令人敬佩。

史可法死后，扬州人民把他的衣冠埋在扬州城外的梅花岭上，后人为了纪念他，在梅花岭上修了史可法墓祠。祠中有一副对联，写的是：

一代兴亡关气数

千秋庙貌傍江山

这副对联体现了千百年来世人对史可法的景仰之情。

谭嗣同

谭嗣同（公元1865—1898年），湖南浏阳人，字复生，号壮飞，中国近代著名政治活动家、思想家，"戊戌六君子"之一，为了追求救国真理，慷慨献身，被后人永远铭记。

谭嗣同出生在官宦家庭，从小就受到了爱国主义的启蒙。十岁时拜浏阳著名学者欧阳中鹄为师，在欧阳中鹄的影响下，他对王夫之的民主和唯物思想产生了浓厚的兴趣。谭嗣同读书不拘泥于传统的儒家思想，而是更喜欢有关经世济民的学问，他仰慕那些锄强济弱的草莽英雄，曾和当时北京的一个"义侠"大刀王五结交，二人成为生死不渝的挚友。

公元1895年4月，甲午战争失败后，清政府被迫与日本签订了丧权辱国的《马关条约》。时年三十岁的谭嗣同听闻后满怀忧愤，他努力提倡新学，呼吁维新变法，并在家乡组织算学社，召集志同道合的志士一起钻研；同时，他还在家乡的南台书院开设了史学、掌故、地理等新式课程，试图改变民众思想，开启民智。同年5月，康有为联合在京参加会试的一千多名举人联名上书清政府，要求拒和、迁都、练兵、变法，史称"公车上书"。

在变法思潮的影响下，谭嗣同经过深入思考，感到只有对腐朽的封建专制制度进行改革，才能挽救民族危亡。为此，谭嗣同来到北京，与倡导变法的梁启超、翁

谭嗣同

同龢等人结识，讨论推动变法维新的实现路径。

公元1897年，谭嗣同再次返回家乡湖南，倡办了以宣传变法维新思想为主的时务学堂，并聘请梁启超为总教习，他亲自担任分教习，在教学中大力宣传变法革新理论，把富有民族主义意识的书籍发给学生，时务学堂也成为培养维新志士的学校。随后，谭嗣同又进一步创建了南学会，创办《湘报》，抨击旧政，宣传变法，成为当时维新运动的领军人物之一。在谭嗣同等人的大力宣传下，清光绪皇帝于1898年6月11日颁布《定国是诏》，决定实施变法。同年8月，谭嗣同被光绪帝征召入京，与林旭、刘光弟、杨锐等人被授于四品军机章京，参与变法，史称"戊戌变法"。

然而，维新变法才刚刚开始，就遭到以慈禧太后为主的顽固派的抵制，1898年9月21日，慈禧太后等人借光绪皇帝去天津阅兵之际发动政变，废黜光绪皇帝，大肆搜捕维新派人士。此时的谭嗣同完全有机会出走国外，但他决心留下来，以死唤醒国人。他对劝他离开的人说："各国变法无不从流血而成，今日中国未闻有因变法而流血者，此国之所以不昌也。有之，请自嗣同始。"9月24日，谭嗣同在浏阳会馆被捕，四天后，谭嗣同在北京宣武门外的菜市口刑场英勇就义，年仅33岁。

谭嗣同用他的鲜血和生命诠释了中华民族舍生取义的高贵品格，正如他在狱中所题绝笔："我自横刀向天笑，去留肝胆两昆仑！"

第四章
中国人如何传承家风家训

家风家训文化所体现出来的中华民族传统文化的精粹是那么的光彩夺目，自古以来就为中国人所称颂和景仰。

千百年来，中国人将家风家训所蕴含的优秀文化基因作为立身之本，齐家之道，治国之策，乃至中华民族之魂。在家庭（族）层面，身体力行，教育子孙，自觉加以传承；在社会层面，大力宣扬，使之广为传播；在国家层面，彰显典范，教化民众，极力倡导，从而使家风家训文化在中国得以传承和发扬光大，并汇聚成为中华民族传统文化的根脉，生生不息，流传至今。

第一节 家庭（族）的传承

言传身教

在中国人看来，家长是家风的"形象代言人"，家长的一言一行、一举一动都是深入子女心中的无形力量，影响着子孙后代做人做事的态度和为人处世的方式，也决定着一个家庭或家族的繁衍和兴衰。古人在家庭教育中十分强调以身作则、正身率下，即我们常说的"躬行""身教"。宋朝著名诗人陆游有诗云："纸上得来终觉浅，绝知此事要躬行"，说明了行动对于家风传承的重要性；而另一个关键词"身教"，则是强调父母在家庭教育中必须做好子女的榜样。

孟母被后人视为古代"四大贤母"之首，除了三次搬家为孟子创造良好的成长环境外，还非常注意自身言行对孟子的影响，有这样一个故事：

孟子小时候，看见邻家杀猪。孟子问他的母亲说："邻家杀猪干什么？"孟母说："想给你吃肉。"孟母说完就意识到自己说错话了，反思道："我怀这个孩子的时候，坐席摆得不端正我不坐，切肉切得不正我不吃，这是胎教。现在孩子才刚有知识我就欺骗他，是在教他不诚实！"孟子的母亲就买了邻居家的猪肉来吃，证明她没有欺骗孟子，这就是用自己的实际行动来培养孟子诚信的品德。

四大贤母中陶侃的母亲则采用的是严词责备的方法来教育孩

第四章　中国人如何传承家风家训

子。陶侃（公元259—334年）是东晋时期的名将，他早年丧父，家境贫寒，全靠母亲纺纱织布赚钱供他读书，因此他对母亲十分孝敬。陶侃年轻时曾经在家乡寻阳当县吏，负责管理当地的鱼仓。有一次他在县里遇到一个同乡，就从鱼仓里拿了一条刚腌制好的鱼，让同乡带回去给母亲尝鲜，陶母收到以后非常生气，让人把陶侃叫回家来，跪在地上，严词责备他说："你身为县吏，拿公家的东西孝敬我，这非但不能让我高兴，反而让我更加忧心！"并让陶侃将腌鱼退了回去。陶侃原以为一条腌鱼不过是小事一桩，没想到母亲会生这么大的气，深受震动，自此以后，他牢记母亲的训诫，廉洁奉公，从不以权谋私。因为平叛有功，陶侃后来当了大将军，陶母又专门告诫他不得过度饮酒，以免误事，陶侃谨记母亲的教诲，不但严格要求自己，还严厉约束部下不得酗酒，一经发现，处以军法，也正是如此，陶侃所率军队军纪严明，战斗力极强，助他成为一代名将。

　　相比于母亲在教育孩子方面的亲情感化，父亲或家族其他男性长辈在教育孩子上更多采用的是讲道理、指缺失、重引导的言语传授法。

　　东汉时期，有一个名士叫陈寔，曾任太丘长，后来因不满当时的官场黑暗，便辞官回乡，专研学问，教化民众。乡邻发生纠纷找他调解，陈寔都能秉公处置，很受乡民爱戴。有一年他的家乡发生饥荒，一天夜里，一个小偷潜入他家里偷粮食，结果惊醒了陈寔，小偷吓得躲在房梁上，想等陈寔睡着以后再出去，结果陈寔把全家子孙都叫到自己屋子里，对他们说："做人一定要自勉上进，很多做坏事的人未必生来就是坏的，但所有的坏习惯都是后来逐渐形成的，就像这位躲在房梁上的'君子'！"（"梁上君子"这个词就是从这

家风家训

梁上君子
（来源：连环画《中国成语故事》（第十一册），翁丽华绘，上海人民美术出版社。）

里来的）小偷见被发现了，便从房梁上下来叩头请罪，陈寔对他说："看你样子也不像坏人，这次肯定是因为灾荒的缘故，我给你粮食带回家去，以后不要再做这种偷盗的事了。"小偷很受感动，连连称谢而去。陈寔用这件事既教育子孙要修身，养成好的习惯，也让子孙明白很多所谓的"坏人"本性上都是好的，只不过是受生活所迫罢了，要帮助他们弃恶扬善，这才是君子所为，圣贤之道。

大家熟知的南宋著名词人辛弃疾，他的成长则完全得益于祖父辛赞的悉心培养。辛弃疾受其影响，一生致力抗金。

辛弃疾（公元1140—1207年），字幼安，号稼轩，山东历城县（现山东济南历城区）人，祖父辛赞曾是北宋政府的官员，北宋政权灭亡后，很多官员跟随宋高宗南渡到了杭州，而辛氏家族因为人多，来不及南渡，更主要的是辛赞有一个更宏伟的计划：留在北方保存实力，秘密组织抗金义军，等待时机，配合南宋军队收复失地。辛弃疾出生后不久，他的父母就先后去世了，只好跟着祖父辛赞生活。辛赞很喜欢这个聪慧过人的孙子，不仅教他读书学文，还请人教他骑马射箭，练武强身。尤其重要的是，辛赞经常带着他到各地去考察民情，开阔他的见识，给他讲金人到来之前北宋统治下这里的繁华，也让他亲眼目睹了金人统治下百姓的屈辱和苦难生活，就这样，在祖父的教导下，辛弃疾从小就树立了恢复中原、报国雪耻的远大

第四章　中国人如何传承家风家训

志向。

机会终于来了，公元1161年金军大举南侵，北方空虚，而且内部矛盾重重，二十一岁的辛弃疾在祖父辛赞的资助下，组建起一支两千人的队伍，并加入了由耿京领导的声势浩大的义军中，然而在他前往南方与南宋朝廷联络归来时，听到的却是耿京遭叛徒张安国杀害，义军溃散的消息。激愤之下，辛弃疾带领手下的五十多人，夜袭有着几万人的金军大营，将叛徒擒获，交给南宋朝廷处决。这一壮举让辛弃疾一战成名，"壮声英概，懦士为之兴起，圣天子一见三叹息"，据说宋高宗也连连赞叹。

回到南宋的辛弃疾并不为朝廷所重用，虽然他根据自己对金国的了解，写了抗金北伐、收复中原的《美芹十论》等建议，然而英雄无用武之地，以宋高宗为首的投降派一心与金国议和，将辛弃疾的建议搁置在一边，只是让他先后担任江西、湖北、湖南等地的转运使、安抚使一类的官职。于是，壮志难酬的辛弃疾将满腔的爱国热情和郁郁难解的悲愤倾注到笔端，写下了一首首脍炙人口、豪情激荡的诗词名篇，如他的《破阵子·为陈同甫赋壮词以寄之》：

　　醉里挑灯看剑，梦回吹角连营。八百里分麾下炙，五十弦翻塞外声，沙场秋点兵。

　　马作的卢飞快，弓如霹雳弦惊。了却君王天下事，赢得生前身后名。可怜白发生！

公元1203年，已经年过六十的辛弃疾终于等来了朝廷北伐的召唤，他来到镇江，屯粮、练兵，派人前去金国收集情报，然而他的建议却再次被搁置，两年后，没有辛弃疾的北伐注定只能是一场

失败，苦涩的辛弃疾登上北固亭，留下了那首流传千古的《永遇乐·京口北固亭怀古》：

千古江山，英雄无觅孙仲谋处。舞榭歌台，风流总被，雨打风吹去。斜阳草树，寻常巷陌，人道寄奴曾住。想当年，金戈铁马，气吞万里如虎。

元嘉草草，封狼居胥，赢得仓皇北顾。四十三年，望中犹记，烽火扬州路。可堪回首，佛狸祠下，一片神鸦社鼓。凭谁问，廉颇老矣，尚能饭否？

祖父幼年时注入心灵的一粒爱国种子，迸发出无尽的精神力量，辛弃疾的词以其深厚的爱国主义情怀和豪迈的英雄气概感染了一代又一代人，不愧为"词中之龙"。

聚会聚谈

除了日常的言传身教外，一些大的家族还会采取聚会、聚谈等形式来进行家风家训教育。

西汉时期，有一个叫石奋的人，很遵守礼法，他自汉高祖起一直到汉景帝为止，先后历经四朝为官，他的四个儿子也都担任了官职。晚年退休后，石奋仍谨守礼制，治家很严。子孙如果有了过失，他就会把全家人集中到一起，他也不说话，只是默默坐在那里，不吃不喝，以此来启示子孙们互相指出对方的过失，直到所有人都真正明白是什么过失，错在哪里，并主动改正了才算完事。有一次，小儿子石庆喝醉了酒，到进了大门以后才下的车，他觉得这个行为不合乎礼制，就又开始"绝食"，石庆负荆请罪都不行，最后还是全家人都就此事谈了认识，作了自我批评才作罢。他这种严格要求、

第四章　中国人如何传承家风家训

自我批评的方法使得子孙真正从思想上受到触动，并能够严格自律。他的小儿子石庆最后官至丞相。石奋的治家方法也为当时的人们所争相效仿。

明朝有个叫姚舜牧的人，曾经当过新兴、广昌二县的知县，他为官期间爱民如子，深受百姓爱戴。同时他也是一个很有学问的人，早年他崇尚唐一庵的"许敬之学"，因此自号"承庵"，著有《药言》《五经四书疑问》《乐陶吟草》三卷，还著有《孝经疑问》等。姚舜牧非常重视品德的培养，他在广昌任县令时的书房就取名叫"清白堂"。对家族子孙，他提出了重"清高"的家训。为了保持姚家的清白家声，姚舜牧经常利用家庭聚会的形式进行家风家训教育。他还规定："长幼尊卑聚会时，又互相规诲，各求无忝于贤者之后，是为真清白耳。"大意就是姚家在聚会时，要互相对照家训规劝教诲，但求无愧于姚家的清白家风和名声。

明朝还有个有名的大臣叫庞尚鹏，是广东南海县（今佛山市南海区）人，特别善于理财，被称为明代中期著名经济改革家。他在江西平乐县当知县时，关心百姓疾苦，勤政爱民，执法如山；后来升任浙江巡按，开始试点"一条鞭法"，为后来张居正进行的全国性赋税改革奠定了基础。在家族教育上，庞尚鹏制定了《庞氏家训》，并且创立了家族聚谈的形式，规定每月的初十、二十五两天，全家人都要在日落以后聚会，会上每个人都要讲自己的所见所闻。围绕善与恶的问题、勤劳和懒惰的问题，每个人都讲自己的看法，依次发言。其他人都要认真倾听，并反思自己，有则改之，无则加勉。这种颇有新意的类似于今天"民主生活会"的教育形式，较好地发挥了孝睦治家的家风陶冶作用。

家风家训

侗族"讲款"场景

（来源："通道：侗族"款师讲侗款　全村老少表演忙，《三湘都市报·华声在线》，2019-02-07。）

在我国很多少数民族地区，人们也以村寨的形式聚集生活在一起，并以祖先流传下来的族规和习俗进行自我管理，这些族规和习俗也就是他们的"家训"。由于没有文字，而少数民族的人又善歌舞，因而很多少数民族的"家训"会以歌舞等形式表现出来，并成为实行民族自治的重要手段。居住在湖南省怀化市通道侗族自治县黄土乡的侗族人民的"讲款"就是其中的典型代表。

秦汉时期，中原王朝对这个地方基本上管理不到，侗族人为了管理自己，慢慢形成了一种以地域为基础、以血缘为纽带的自治组织，称为"款"，也叫"侗款"。款组织有"款约"。"款约"有两个方面的含义：一方面，它是一个军事组织，对外反抗侵略，对内保境安民；另一方面，通过款约来治理地方的内部事务。侗族地区就靠"款约"制，自我管理了一两千年。严厉而权威的款约约束着族人遵章守纪、有礼有节。

有一天，一个年轻人偷了别人家的柿子，被人发现了。寨里面的寨老决定用"讲款"，一为教育大家，二来把这个年轻人昭示出来进行惩罚。怎么惩罚？全村的人都到他家里去吃饭，要他家办饭来招待大家，并且要让他的爹妈承认，他的儿子做这种事是不道德的，子不教父之过。

虽然许多款项在今天已经失去了现实的意义，然而传说中"夜不闭户，路不拾遗"的情景在今天的侗寨依然是他们日常的生活场景。

私塾

中国古代，对子孙的教育除了父母的言传身教以外，私塾也是重要的家庭教育场所。

私塾有着悠久的历史，名称也五花八门，比如学塾、教馆、书屋、乡塾、家塾等，这些名字听起来就带有几分亲情味和文雅气。一般来说，人们都把孔子在家乡曲阜开办的私学视作最早的私塾。

古人崇尚尊师重道，家庭里往往会悬挂"天地君亲师"的中堂，定期祭拜，选择私塾先生的标准也很高，除了学问广博之外，品德高尚也是一条重要的标准。清代著名文学家蒲松龄、郑板桥都曾当过私塾先生。

知识卡片4-1

◎蒲松龄

蒲松龄（公元1640—1715年），字留仙，山东淄博人，清代杰出文学家，以《聊斋志异》闻名于世，世称"聊斋先生"。

蒲松龄一生屡试不第，以教书为生。他自幼便对流传于民间的鬼神故事有着浓厚的兴趣，常在家门口设茶摊吸引乡民，收集素材。蒲松龄二十二岁开始写作鬼狐故事，前后历时四十余年，集结成《聊斋志异》一书。

《聊斋志异》共收集志怪传奇类短篇小说四百九十一篇，内容或揭露封建统治的黑暗，或抨击科举制度的腐朽，或反抗封建礼教的束缚，文字优美，语言凝练，具有很强的思想性和艺术性，一经问世便风行天下，先后出现了六十多种外文译本，后人评价《聊斋志异》：将中国古代文言短篇小说发展到了一个新高度。

蒲松龄

私塾对中国家风家训的传承主要体现在以下几个方面：一是最初的私塾老师就是家庭或家族中的长者，所以教的内容自然就体现了家风家训的主要内涵。像孔子，既是家长，又收弟子，对弟子和子孙一样对待。二是中国古代私塾教授的内容是以儒家文化为主，儒家文化对家风家训的影响最大。《三字经》《百家姓》《千字文》是明清两代最常见的儿童识字读本，其中就体现了不少儒家思想，而《论语》《孟子》等儒家经典读物也变成了蒙学教材的一部分。三是一些以诗词、歌诀、箴语等形式的家风家训也成为私塾教育的读本，由于对仗工整，押韵整齐，通俗易懂，便于记诵，具有很强的感染力。

譬如，明朝著名思想家王守仁的家训歌诀《示宪儿》，内容主要是包括孝道在内的道德常识教育，由于采用三字一句的韵语，琅琅上口，易懂易记，既可教育子孙，也可用于训诲年幼学童。如：

幼儿曹，听训教，勤读书，行孝道。学谦恭，循礼义
吾教汝，须谛听：尊父母，敬兄弟。师必严，父要厉

清康熙年间进士彭定求的歌诀体家训《治家格言》篇幅虽短，却涉及孝亲齐家、为人处世等许多方面，而且三字一句，押韵合辙。如：

凡治家，须起早，孝父母，敬兄嫂。为夫妇，和顺好

相比板着面孔的说教，这种歌诀、箴言形式的家训读本更能为儿童和青少年所接受，因而也就成为私塾启蒙教育的读本，在传授知识的同时进行情感的熏陶。

知识卡片 4-2

◎王应麟——写《三字经》的一代大儒

王应麟（公元1223—1296年），字伯厚，号深宁居士，浙江鄞县（今浙江宁波鄞州区）人，南宋著名学者、教育家。

王应麟尊崇朱熹理学，为人正直，博学多才，做官时经常仗义直言，后因得罪权臣而辞官回乡，专心著书二十年。他一生著述颇丰，所撰《玉海》二百零四卷，内容涉及天文、地理、官制、食货等二十一门，是古代私人编撰的一部规模宏大的类书，《四库全书总目》称其："唐宋诸大类书未有能过之者。"所著蒙学读本《三字经》风行七百多年。

《三字经》节选

人之初，性本善。性相近，习相远。
苟不教，性乃迁。教之道，贵以专。
昔孟母，择邻处。子不学，断机杼。

家风家训

窦燕山，有义方。教五子，名俱扬。
养不教，父之过。教不严，师之惰。
子不学，非所宜。幼不学，老何为。
玉不琢，不成器。人不学，不知义。
为人子，方少时。亲师友，习礼仪。……

昔仲尼，师项橐。古圣贤，尚勤学。
赵中令，读鲁论。彼既仕，学且勤。
披蒲编，削竹简。彼无书，且知勉。
头悬梁，锥刺股。彼不教，自勤苦。
如囊萤，如映雪。家虽贫，学不辍。
如负薪，如挂角。身虽劳，犹苦卓。
苏老泉，二十七。始发愤，读书籍。
彼既老，犹悔迟。尔小生，宜早思。……

修家谱

"家之有谱，犹如国之有史"。家谱是记载和传承家风家训的主要载体，在中国古代，无论是名门望族，还是普通百姓人家，都十分重视修家谱。家谱是影响人数最多、影响时间最长、影响面最广的书籍之一，家谱中记录了许多治家教子的名言警句，也有不少详细记载家训、家规等以便子孙遵行的。简言之，每个家族都有不同的族规家训。家谱中较为常见家训的大致包括了以下几个方面的内容：谨守国法家法；孝顺父母长辈；和睦宗族乡亲；勤奋好学；勤俭持家，等等。

第四章　中国人如何传承家风家训

除了家规家训外，有的家族还会在家谱中详细记载祖先的功绩，以便后代子孙铭记。

在安徽绩溪县有个汪氏家族，其家谱上就记载了祖先汪华从幼年习武起，到开创基业，后率土归唐的事迹。

汪华幼时父母早逝，寄居舅舅家放牛，最喜欢与小伙伴玩指挥打仗的游戏。长大后喜欢习武，听说睦州那里有个人教习武，就去拜师学习，回来后好打抱不平，以"勇侠"闻名乡里。

隋朝仁寿四年，婺源流寇作乱，郡守贴出告示招募豪杰剿除盗寇，汪华带着同伴前去应募，他率兵直捣盗寇老窝，平定了流寇，从此成了隋朝一名将领。隋末，炀帝荒淫无道，汪华在众将士拥戴下自立为刺史，杭、睦、婺、饶等州守将感念他的恩德，也纷纷归顺，至此，汪华"坐拥六州，带兵十万"，势力遍及安徽南部、浙江西部和江西东北地区。后为抵御外部势力入侵，建立"吴国"，自称"吴王"，实施仁政，境内百姓安居乐业。唐灭隋后，为了华夏一统，汪华又主动放弃王位，率土归唐，被封为"越国公"。

汪氏家族自汪华后在徽州繁衍兴盛，其族人铭记汪华忠心爱民的事迹和精神，先后涌现出宋朝宰相汪伯彦、明初理学家汪克宽、医学家汪机、戏曲家汪道昆等优秀人才。

除了记载祖先功绩和家规家训外，古人在修家谱时还会将那些违反家规的人从家谱中除名。如在秦氏家

修家谱

族的家谱中，就除掉了害死岳飞的奸臣秦桧的名字。

清朝乾隆的时候，有一个叫秦大士的秦桧后人考中了进士，在殿试的时候，乾隆皇帝对他的姓很感兴趣，就问他："你是秦桧的后代吗？"秦大士一下子蒙了，说不是吧，犯了欺君之罪，说是吧，又担心皇帝一气之下取消他的资格，他想了想回答了一句："一朝天子一朝臣。"意思是秦桧之所以成为奸臣，是因为宋高宗昏庸无能，我现在遇到的是圣明仁皇帝，肯定会是一个忠臣。乾隆听了后很欣赏他的机敏，就破格点了他为状元。

秦大士当官后十分清廉，也深受百姓爱戴。有一次他和朋友去西湖游玩，来到岳飞墓前，朋友开玩笑让他写个对联，秦大士恭恭敬敬地祭拜过岳飞后，提笔写到："人从宋后羞名桧，我到坟前愧姓秦。"此联一出，一时传为佳话。

建祠堂

中国人，是世界上最具有祖先崇拜传统的民族。每个家族中往往都有一个场所，供奉已去世的祖先的神主牌位，纪念祖先功德。中国古代家族大都建有祠堂。

祠堂的建筑非常讲究风水，通常是在祖先最先居住的地方修建，或将旧房改建成祠堂，一些家族建宅院时往往先建祠堂。

祠堂除了用来供奉和祭祀祖先，还有多种用处。

古祠堂（黄山南屏村，中国古祠堂建筑博物馆）

第四章　中国人如何传承家风家训

在中国古代，人们或离家外出，或考取功名，乃至娶妻生子等，都要先到祠堂祭拜祖先。如果违反家规，也会被拉到祠堂当众训戒或惩罚。祠堂不仅是家族祭祀祖先的地方，也承载着延续家风的功能。

祠堂是凝聚家族团结的场所，它往往是家族中规模最宏伟、装饰最华丽的建筑，不但巍峨壮观，而且作为家族家风传承的象征，记录着家族传统与曾经的辉煌，是古代家族的圣殿。

古代中国受男尊女卑思想禁锢，女性除非受罚，一般不得进入祠堂。但在安徽歙县棠樾村，有个专门为女人而建的祠堂——"清懿堂"，以纪念为徽商的辉煌同样作出牺牲和贡献的鲍氏妇女。据记载，鲍氏一家贞节烈女明清两代达59人之多。这里女人不仅可以入内，还可以在这里祭祀，共商女性大事，立女性祖先牌位。

清懿堂

千百年来，历经自然灾害和战火动乱，许多古代祠堂都已遭损毁，很难保存下来，而位于山西太原西南的晋祠是中国现存最早的中国古典宗祠建筑群。

家风家训

知识卡片 4-3

◎晋祠

晋祠位于现山西省太原市晋源区晋祠镇。据记载，西周时期，周成王封其胞弟姬虞于唐地（今山西翼城），称唐叔虞。后叔虞宗族的一支迁至晋阳（今山西太原），与悬瓮山麓晋水发源处建祠宇，称唐叔虞祠，也就是晋祠的前身。

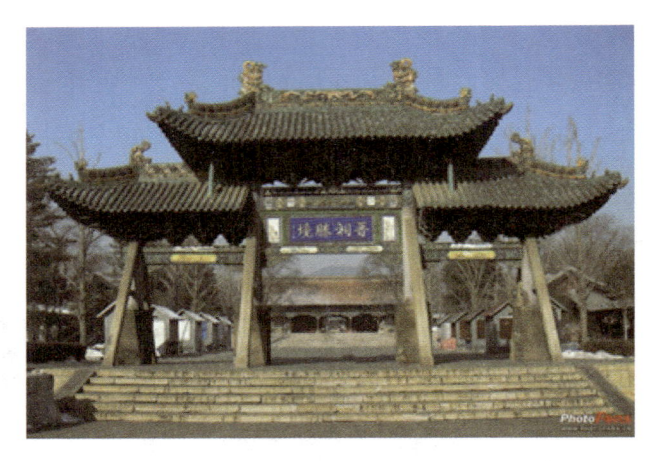

晋祠

晋祠历经地震和战乱，多次损毁和重建，特别是在北宋时期，晋祠经过数次扩建，逐渐形成了规模宏大的建筑群。晋祠现存有三百年以上的建筑98座、塑像110尊、碑刻300块、铸造艺术品37尊，是中国唐宋古建园林、雕刻艺术之典范，其中，始建于宋代的圣母殿及彩塑、木雕盘龙、鱼沼飞梁被誉为晋祠古建"三绝"。新中国成立后，作为第一批全国重点文物保护单位，国家对晋祠进行了多次修缮和扩建，古老的晋祠焕发出新的生机，成为一处集自然山水与古建园林、雕塑、碑刻、古树名木为一体的著名游览胜地。

第四章　中国人如何传承家风家训

明末清初，著名思想家、书法家、医学家傅山曾隐居晋祠，并留下了许多珍贵的书法墨宝。

惩戒

在古代中国家庭中，违反家规家训、败坏家风的行为会受到严厉惩戒，以此来实现家风家训的传承。

在浙江浦江有个郑氏家族，这个家族从南宋开始就聚居在一个村子里，历经宋、元、明三朝而不散，以其忠孝、循礼而一再受到当时封建统治者的表彰。明洪武十八年（公元1385年），朱元璋赐以郑家"江南第一家"的匾额。

郑氏家族能够延续三百年，家风是前提，家训规范是基础，全体成员严格践行是保障。为了确保家风家训的传承，郑氏家族设有一名专门的"监视"，负责记录每位家庭成员的是非功过。监视一般由家族成员中年龄在40岁以上、为人正派、德高望重的人担任，而且每两年要轮换一次。监视掌管《劝惩簿》，同时还制作了两块木牌，一块上刻"劝"字，用于记录好事，一块上刻"过"字，用于记录坏事。牌子挂到墙上，无论好事坏事一览无余，"三日方收，以示赏罚"。类似于我们现在常见的"奖惩栏"。

江南第一家

家风家训

郑氏唱"训辞"

　　事实上,在中国古代,对于有违家风家训的行为都会采取不同的惩戒手段,《三字经》中就讲道:"玉不琢,不成器。"古代私塾老师有戒尺,家族里会有戒杖等惩戒器具,都是为了惩治违反家风家训的行为。我们前面提到过的庞尚鹏、姚舜牧还在他们的家训中明确了惩戒的地点,比如,《庞氏家训》中就规定:"子孙有故违家训,会众拘至祠堂,告于祖宗,重加责治,谕其省改。"

　　到了清朝,族规家训中记载的惩戒方法越来越多,有罚跪、记过、锁禁、罚银、不许入祠、出族等,在很多时候,古人认为从家谱除名是对不肖子孙的最高惩罚。

第四章　中国人如何传承家风家训

第二节　社会层面的传扬

家风在家庭或家族层面的传承是封闭的，古代中国由于自然灾害和社会动荡，家庭或家族经常面临解体和消亡的危险，这就意味着家风家训的传承也会中断。但事实上，中国古代那些优良家风从来就没有消失过，并且几千年绵延不绝。这其中，社会层面的传扬起到了重要作用。

义学

义学产生于北宋时期，始于名相范仲淹，是一种专为民间孤寒子弟设立的学校。

范仲淹幼年丧父，家境贫寒，读书时买不起纸笔，范母就用树枝在沙地上教他写字。由于幼年的读书经历，范仲淹深知贫穷人家子弟读书的艰难，于是便自己出钱购置了千亩良田，将这些田产和收入全部捐赠给范氏族人作为族产，创立了针对范氏族人和其他乡邻子弟的免费学校——范氏义庄。

为了使义庄能够一代代传承下去，范仲淹还专门制定了范氏《义庄规矩》，对范氏义庄田产收益的分配等都做了明确的规定。为了避免族人铺张浪费、寅吃卯粮，他还规定口粮只能按月领取，不得提前领取等，其后代在此基础上又多次续订，补充完善了很多内容。《义庄规矩》不仅是一种经济上的救济条款规范，而且是激励范氏族人好学上进的方式。比如：《义庄规矩》规定，从子弟中选出品德优良者为"教授"，并且给予很高的报酬；相反，品行不良、违反族规的子弟，则扣罚一定数量的口粮。这种奖惩结合的方式在教化族众、优化社会风尚上发挥了重要作用。

范氏义庄

此后，义学在全国各地逐渐兴起，有的是一些退休官员、地主乡绅出资在家乡所开办，也有以祠堂地租或私人捐款而设。以长沙为例，自宋代开始已有了关于义学的记载。宋真宗年间，湘阴人邓咸"创义学于县南，以训族子弟及四方游学"。

义学的兴起，加上饱受儒家思想浸润的官僚士大夫的积极宣扬，使得家风家训从私塾教育走出家庭，走向了社会。比如，明代儒士王相编辑的《女四书》，很长时间都是家庭女教的重要读本。清代陈宏谋在地方做官期间，编辑刊印了许多社会教化读物，里边辑录有不少家训著作，在当时流传甚广。

知识卡片4-4

◎千古奇丐——武训

武训（公元1838—1896年），山东冠县人，清末平民教育家，中国近代群众办学的先驱。

武训出生在一个贫民家庭，因排行第七，原名武七，他的名字"训"是后来清朝政府为嘉奖他兴办义学之功，取"垂训

第四章　中国人如何传承家风家训

于世"之意，赐名于他的。

武训七岁丧父，以乞讨为生；十四岁时离家当佣工，因不识字屡遭欺辱，吃尽文盲苦头；二十岁的时候，武训决心行乞集资，兴办义学。于是他四处乞讨，足迹遍及山东、河北、河南、江苏等地，讨来好点的衣物，他就卖了换成钱攒下来，乞讨不来，他就去拣破烂、打零工、当邮差，或者街头卖艺，以招徕人围观，施舍钱物。那个时候，在各地的闹市繁华处，你总会看到面目污黑、烂衣遮体的武训快乐地唱着自编的歌谣："吃杂物，能当饭，省钱修个义学院。""拾线头、缠线蛋，一心修个义学院。"

武训像

经过多年的乞讨，武训终于积攒下一笔钱，但他因居无定所，无处存放，便找到本县一个叫杨树坊的举人，说明来意，杨树坊听了大为赞叹，不仅答应帮他存钱，还表示要资助他办义学。

光绪十四年（1888年），武训用三十年乞讨所得的钱在家乡堂邑县柳林镇东门外建起第一所义学，取名"崇贤义塾"。此后，他继续行乞，1890年与寺院合作在馆陶县兴办了第二所义学，1896年在当地官绅的资助下又在临清县兴办了第三所义学。

武训一生兴办义学，教育了无数穷家子弟，他自己却身无

分文,不娶妻、不置家,用他的话说:"不顾亲,不顾故,义学我修好几处。"

1896年,武训在朗朗读书声中病逝于临清县御史巷义塾。武训死后,义塾师生哭声震天,百姓闻讯泪下,争相祭拜。清朝政府整理他的业绩并为其立传,武训是中国历史上以乞丐身份载入正史的唯一一人,被誉为"千古奇丐"。

书院

书院是中国古代特有的教育组织,最早出现在唐玄宗时期。书院最初只是官方修书、校书和藏书的场所,如东都洛阳紫微城的丽正书院,后来也出现了民间个人兴办的书院。

书院兴盛于宋代。唐末五代时期,由于连年战乱,官学废弛,这给民间书院的兴起提供了机会。当时由富商、学者自行筹款,于山林僻静之处建学舍,或置学田收租,以充经费。到了宋代,以理学家为代表的知识阶层为了重振儒家文化,有意识地兴办书院,在理学家的精心经营下,书院也成为传承儒家"道统"的场所。由于在书院中讲学的多是名士大儒,书院文化自然也是对家风家训中优秀文化的大力弘扬。

宋代最具影响力的书院当属著名理学家朱熹主持重修的白鹿洞书院。

白鹿洞书院地处江西九江,位于风景秀丽的庐山五老峰南麓后屏山下。据传唐代诗人李渤和兄长李涉曾隐居在这里读书,李渤在山洞里养了一只白鹿,并常随白鹿外出走访游玩,当时的人称李渤为"白鹿先生",他读书的地方称"白鹿洞",这就是书院名称的由来。此后,唐代另一位诗人王贞白也曾在此读书,有一天,他有感于时间宝贵,就写了一首《白鹿洞》,诗中有一句是:"一寸光阴一寸金",后来常被人用作家训,劝人珍惜时间。

南唐时期,在朝廷的支持下,李善道等人曾在此置田聚徒讲学,称为"庐山国学",书院一时兴盛。此后,随着社会动荡,书院也毁于兵火,直到南宋时期,朱熹上书朝廷重新修复白鹿洞书院并任洞主,他延请名师,充实图书,置办学田,供养贫穷学子,使白鹿洞书院重新兴盛起来。

白鹿洞书院

朱熹最大的贡献是制定了《白鹿洞书院揭示》,被视作古代书院教育制度的发端。其主要内容有:

"父子有亲、君臣有义、夫妇有别、长幼有序、朋友有信"的"五教之目"。

"博学之,审问之,慎思之,明辨之,笃行之"的"为学之序"。

"言忠信,行笃敬,惩忿窒欲,迁善改过"的"修身之要"。

"正其义不谋其利,明其道不计其功"的"处世之要"。

"己所不欲,勿施于人,行有不得,反求诸己"的"接物之道"。

此后,宋朝书院大都以此为学规,或全文照搬,或照此进行办

学和管理。

和宋代书院潜心研学不同的是，明朝时期，一些私立书院自由讲学，抨击时弊，点评时政，成为思想舆论和政治活动场所，最著名的当属东林书院。

东林书院

东林书院位于江苏无锡，创建于北宋政和元年（公元1111年），当时著名学者杨时曾在此讲学十八年之久，亦称"龟山书院"。杨时离开后，东林书院逐渐荒废。万历三十二年（公元1604年），著名学者顾宪成等人又重新修复了东林书院，并提出"读书、讲学、爱国"的宗旨，引起了广大学者的共鸣。顾宪成撰写的名联"风声雨声读书声，声声入耳；家事国事天下事，事事关心"更是家喻户晓，一时间，东林书院成为江南人文荟萃之地和思想舆论中心。"天下书院，首推东林"，许多有志之士纷至沓来，东林书院逐渐由一个学术团体演变成了一股强烈的政治力量，标志着以"修身齐家治国平天下"为核心的传统家风家训文化，开始通过书院，对国家和社会发展产生了重要的影响。

知识卡片4-5

◎顾宪成

顾宪成（公元1550—1612年），字叔时，号泾阳，江苏无锡人，明代思想家，东林党领袖，因创办东林书院而又称"东林先生"。

顾宪成推崇"经世致用"的实学思想，主张关切时代主要矛盾、回答时代主要问题，主张学术要有益治国理政，从而达到经世致用的目的。顾宪成以东林书院为阵地，通过讲学、论辩、研讨、撰文、出书，对王守仁"心学"及王学末流的虚、空、玄主张和说教进行了猛烈的抨击和批判，推动了实学思潮的发展。

顾宪成著有《小心斋札记》《泾皋藏稿》《顾端文遗书》等。

民间戏曲曲艺

在古代中国，普通老百姓大都不识字，但这并不妨碍中华文化中优良家风家训在民间的传播。这其中，戏曲和民间曲艺发挥了重要的作用。

古代戏曲和民间曲艺的很多曲目、脚本都取材于历史上流传已久的家风家训故事。比如，人们因为赞赏岳飞的忠义，痛恨奸臣秦桧等人的卑劣无耻，便将岳母刺字的故事和岳飞率领岳家军英勇抗金、"精忠报国"的事迹编成戏曲和各种曲艺形式，在民间广为传颂。南宋末年，罗烨《醉翁谈录》与吴自牧《梦粱录》中就记载：杭州市民"说话"艺术中就已经出现岳飞的故事；元代有杂剧《宋大将岳飞精忠》、《东窗事发》（即《地藏王证东窗事发》）、《秦太师东窗事犯》等。明代岳飞题材戏曲有《精忠旗》《金牌记》等，这些戏曲在舞台上盛演不衰。

家风家训

知识卡片4-6

◎元曲

元曲是盛行于元代的一种文艺形式，包括杂剧和散曲。杂剧是早期的中国戏曲，融合歌曲、宾白（独白和对白）和舞蹈等多种艺术形式，散曲原本就是流传于民间的"街市小令"或"村坊小调"。杂剧和散曲原本都只是民间文学。元朝时，文人的社会地位极低，"八娼九儒十丐"，文人跌落到了社会最底层，深切感受到了百姓疾苦，也品味了人间悲欢，于是他们用杂剧和散曲来抒怀咏志，赋予了其崭新的生命，在中国文学史上展现出独特的艺术魅力，散发出绚烂的艺术光芒。

元曲在内容上更贴近百姓，贴近生活，塑造了很多个性鲜明的"小人物"形象。比如，有元杂剧鼻祖之称的关汉卿在他的《一枝花 不伏老》中塑造了的一个"我却是蒸不烂、煮不熟、捶不扁、炒不爆、响珰珰一粒铜豌豆"的浪子形象。王实甫则在他的杂剧《西厢记》中塑造了"红娘"这样一个聪明伶俐、活泼可爱的丫鬟形象，剧尾，他借剧中人之口发出了"愿天下有情人终成眷属"的美好祝愿。

元曲在风格上偏向沧凉悲愤，体现了元代文人关爱黎民苍生和民族命运的高尚情怀。如：张养浩的《山坡羊 潼关怀古》：

峰峦如聚，波涛如怒，山河表里潼关路。

望西都，意踌躇，伤心秦汉经行处。宫阙万间都做了土。

兴，百姓苦。亡，百姓苦。

第四章　中国人如何传承家风家训

《西厢记》绘画（王叔晖绘）

元曲在感情抒发上更贴近普通大众，发出的是底层百姓的心声，因而更容易引起世人的共鸣。如：元好问在《摸鱼儿·雁丘词》中写到：

问世间，情为何物，只教生死相许！
天南地北双飞客，老翅几回寒暑。
欢乐趣，离别苦，就中更有痴儿女。
君应有语：渺万里层云，千山暮雪，只影向谁去？

在里下河地区（现江苏省中部），民间有一种古老特殊的表演艺术形式叫"六书"。六书班子大多由民间喜爱吹拉弹唱的乡土艺人组成，两个文场，四个武场，共六个人，文场以吹拉为主，武场则以打击乐为主。六书也叫"唱六书"，以唱为主，他们活跃在乡村的婚礼上、孩子周岁生日宴席上，以及一切和喜庆有关的活动中。

六书内容丰富多彩，有的取材于京剧、淮剧、扬剧、黄梅戏等戏曲的片断，也有的取材于流行俚曲、民间小调，应有尽有。比较

经典的有《照应丫头》《麻将不能打》等。《照应丫头》讲的是母亲在女儿出嫁之前，母亲关照她到婆家孝敬长辈、相夫教子、勤俭持家；《麻将不能打》则唱的是一个小媳妇嗜赌如命，因迷恋麻将而影响家庭事业的故事。

从内容就可以看出民间曲艺是如何传扬家风文化的，这种形式比之文字更能深入民心。

乡规民约

中国古代的乡村往往是同家族人聚集居住在一起，乡规民约也就是家族的族规族训。中国传统社会治理体系中，乡规民约是乡村社会公序良俗形成的重要保障。

传统社会中的乡规民约形式多样、内容大多与乡村民众的生产生活息息相关，一般来说主要是社会治安、婚丧嫁娶、教育教化、互助互利等方面的内容，有的还包括乡村生产生活资源的分配、生态保护、育幼助残养老等。其中蕴含的孝亲尊老、互帮互助、和睦相处、勤劳敬业、诚信友善等精神，在今天仍具有积极意义。

知识卡片4-7

◎禁牌

在福建漳州有一个洪坑村，将村规刻在碑石上，除了要求村民不能犯尊欺弱、窃取物件外，还对村中公共空地以及湖泊的管理作了禁止性规定，体现了保护公共生态环境的意识。

洪坑村禁牌

第四章　中国人如何传承家风家训

在很多中国古代农村，由于贫穷落后，能够识字的人都很少，人们往往会以一件特别的物品体现对知识的重视，党家村的"惜字炉"就是这样的物品。

陕西韩城的党家村是一个有着600多年历史的村落，村里有一物件常会引起"游人"的好奇心，这一物件是什么呢？其实在中国的很多古村落，这种东西曾经并不罕见，它叫做"惜字炉"。

可别小瞧这个小小的物件，"惜字炉"承载的可是党家村历代祖先对知识的尊重和对文化的崇尚。事情是这样的："在过去，党家村家家都有'惜字炉'，祖先们认为只要纸上写上字，这张纸上就承载着知识，承载知识的这片纸就值得尊敬和尊重，不能随便把它乱扔，而是要把它收集起来，达到一定数量的时候，举行仪式，大家在'惜字炉'前跪拜、焚香，然后焚烧。"

对于一片字纸的敬畏来源于对文化的尊重，党家村的先祖们还把这一种尊重总结成家训，并且砖雕木刻，把它们悬挂在自家门前、公共祠堂，党家村的家风家训融入建筑之中。譬如"读圣贤书，立修齐志，存忠孝心，行仁义事。""无益之书勿读，无益之话勿说，无益之事勿为，无益之人勿亲。"即使放在现在也还是至理名言。

党家村之所以传承有序，源于"党家"的第三代，一个从土窑洞里边走出的举人——党真，是他撰写了家谱，确立了村子的名字，并且制定了村子的发展规划，更重要的是开启了党家村人崇尚文化、重视教育的先河。从第四代起，党家村便代

惜字炉

代有功名，秀才、贡生、举人层出不穷。

1954年，党家村出了一个陕西省的高考状元；1978年夏季，恢复中考后，党家村一个七年制的普通农村学校，学校教师全来自党家村，他们来教导本村的学生，升学率达到了96%，是渭南地区中考升学第一名。这说明党家村崇尚文化、重视教育的优良家风、村风对后人影响之深远。

对联

对联，又称春联、对子、楹联等，是中华民族独有的一种艺术形式，也是中国传统文化瑰宝。

对联是中国特有的汉语言文学艺术形式，为社会各阶层人士所喜闻乐见。对联的规则并不复杂，尤其是对语言的风格、题材和内容都没有什么特殊要求，它一般短小精悍，又广泛应用于社会生活。像春节等重大节日、民间婚丧嫁娶、乔迁新居、商铺开业，甚至寺庙等地方，都要用到对联。对联易学、易懂、易记，也不难写。无论语言之俗雅，题材之大小，思想之深浅，只要对得好，皆成对联。

对联应用广泛，很多家风家训方面的内容便也体现在对联上，并由此为更多人所熟知，推动了家风家训文化在民间的传播。比如：

有关家国书常读

无益身心事莫为

有一种对联叫题赠联，是指题赠给他人的对联，其内容一般带有某种劝勉性质。尤其是长辈题赠给晚辈的对联，劝勉意义更浓。

党家村墙上的砖雕

比如：

> 欲知千古事
> 须读五车书

还有一种对联是讲自己的人生感悟的。比如，明朝有一个有道高僧叫担山和尚，有一天，他和小徒弟下山化缘，路过一条河，见一女子正想过河却不敢过，担山和尚就主动将女子背过河去。回来的路上，小和尚问师傅："你背女子过河不是犯戒了吗？"担山和尚说："我早已把她放下了，怎么你还没放下？"

在担山和尚门前，挂着这样一副对联：

> 闲人免进贤人进
> 盗者休来道者来

第三节　国家层面的倡导

脱胎于儒家思想的家风家训文化体现了浓烈的忠君意识，因此，历来封建统治者都对其大力倡导，并将之作为封建统治思想的一部分，极力宣扬。对其中的佼佼者还会给予配享（从祀）孔庙、赐匾、建牌坊等褒扬和奖励，以彰显后世。

官学

官学是中国古代中央政府直接举办和管辖，以及地方官府按照行政区划在地方所办的学校。一般来说，大家都认为汉武帝于元朔五年（公元前124年）在京师长安设立的太学是中国最早的官学。

"太学"一词在西周时期就已经出现了。《大戴礼记》中说："帝入太学，承师问道。"实际上，西周时所谓的太学只是对辟雍、泮宫等周王室贵族祭祀、聚会、议事场所的统称而已。战国时期，齐桓公在国都临淄（现山东省淄博市临淄区）的稷门附近建了"稷下学宫"，

古代官学

第四章　中国人如何传承家风家训

吸引诸子百家贤士聚集讲学，出现了"百家争鸣"的盛况，但稷下学宫更像一个官办的学术交流场所，还不能称为学校。直到西汉时期，汉武帝听从董仲舒"罢黜百家，独尊儒术"的建议，于京师长安设太学，专门讲授儒家经典，并诏令各郡国设立学校，才开启了中国古代官方办学的先河。

汉以后历朝历代都办有学习儒家文化的学校，中央政府举办的有太学、国子监（兼具教育管理职能）等等，地方政府举办的有州学、府学、县学等等，往往会与孔庙建在一起，也被称为文庙。官学教师多由当世名儒或品德高尚人士所担任，像明代著名清官海瑞就曾在官学中担任教喻。作为中国古代官方设立的讲授儒家文化的学校，官学在为封建政权培养人才的同时，也同民间义学、私塾一道，为家风家训优秀传统文化的广泛传播插上了翅膀。

知识卡片 4-5

◎梁鸿孟光举案齐眉

东汉时有个名士叫梁鸿，他是扶风平陵（今陕西咸阳）人，家境贫寒，但品行高洁，后来被举荐进入"太学"。由于十分厌恶当时达官贵族奢靡享乐的生活方式，完成学业后，梁鸿并没有去做官，而是在上林苑养起了猪，结果不小心失火，把邻居的房子给烧毁了，梁鸿就把猪赔给邻居，还无尝为对方做工来补偿其损失。邻居敬佩梁鸿的操行，要把猪还给他，梁鸿坚决不接受，就回到了老家。

由于梁鸿名声很大，很多富贵人家都想把女儿嫁给他，都被梁鸿拒绝了。同县有个姓孟的富人生了个女儿，个子矮小，

又黑又胖，力气还很大，都三十岁了还未谈婚论嫁，父母问她原因，她说："要嫁就嫁梁鸿那样的贤能人士。"梁鸿听说后，觉得这个女子和他志趣相投，就娶她做妻子，并给她取了个名字叫孟光。后来，他们夫妻以耕织为业，相亲相敬，过着清贫的隐居生活。

据记载，每次梁鸿劳作回来，孟光都会将做好的饭菜放在托盘里，举到跟眉毛一样高，端给梁鸿。这就是成语"举案齐眉"的来历，后来人们常用梁鸿和孟光的故事来劝诫夫妻要志同道合，互敬互爱。

官学一般以四书五经和儒家推崇的典籍为研习内容。明朝时期，明太祖朱元璋极为重视孝道教化，提出"为治之要，教化为先"，并亲自制定、颁布了《教民榜文》（也称《圣谕六言》），作为官学的必学内容，这应该是最早也是唯一的官方指定教材了。朱元璋将"孝顺父母"排在"圣谕"第一条，对当时社会的家风产生了很大影响，许多家训都会要求子弟家人恪守这六条。

孔庙

孔庙也称文庙、夫子庙等，原本只是孔氏族人祭祀儒学创始人孔子的祠庙，最早修建于公元前478年，也就是孔子逝世的第二年。自汉武帝始，儒家学说被奉为正统，出于对孔子的尊崇，历朝历代统治者都把修建孔庙、祭祀孔子视作一件国家大事。贞观四年（公元630年），唐太宗李世民下诏："天下学皆各立周、孔庙"，自此孔庙遍及全国各地，清代时数量最多，达到两千多所。

第四章　中国人如何传承家风家训

孔庙可以分为三类。一是孔氏家族的家庙，主要是山东曲阜孔庙和浙江衢州孔庙。二是作为国庙的孔庙，专指曲阜孔庙和北京孔庙，是清代帝王祭祀孔子的地方。三是学庙，也是数量最多的，是中国古代各地方政府在兴办官学时建造的，常与学宫合在一起，所以也被称作文庙。孔庙与官学的结合推动了儒家思想的广泛传播，促进了家风家训等优秀传统文化的传承和发展。

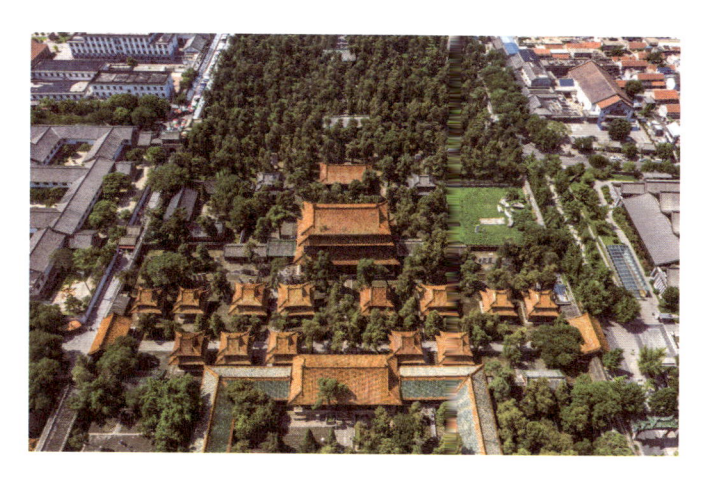

曲阜孔庙

孔庙最初只是祭祀孔子，唐太宗时期确立了从祀制，将孔子弟子颜渊和左丘明等二十二位先儒与孔子一并祭祀，其后随时代的推移，到清末，从祀孔庙的有四配、十二哲、七十九先贤、七十七先儒，共一百七十二人。除了孔子的弟子外，前文中提到过的曾子、孟子、朱熹、韩愈、范仲淹、欧阳修、程颐、程颢、杨时、司马光、文天祥、顾炎武、王守仁等都位列其中。

历朝历代统治者都把孔庙视作儒家文化的象征，不断加封谥号，提高祭祀礼制，以此来体现对儒家文化的尊崇，达到推行儒家思想、教化社会风尚、实现长治久安的目的。在中国古代文人儒士眼中，从祀孔庙是极崇高的荣誉，也是他们毕生不懈的追求。

然而，儒家学说只是中国古代封建王朝用来维持其腐朽统治的工具而已，从祀孔庙也不过是封建统治者对有利于其统治的思想

家风家训

和行为的一种奖赏,当某种思想和行为有可能损害其利益时,就会遭受到排挤、打压乃至禁锢。历史上有两个人就被取消从祀资格,从孔庙逐出,一个是前面提到过的北宋时期推行改革的王安石,他在继承儒家传统思想的基础上创立"荆公新学",并一度配享孔庙,但变法失败后遭到儒家保守派学者的攻击而被逐出孔庙。另一个就是战国末期著名的思想家、儒家学说代表人物之一的荀子。

知识卡片4-9

◎荀子

荀子(公元前313年—前238年)名况,字卿,尊称荀卿。赵国人,战国末期著名的思想家、文学家、政治家,儒家代表人物之一。

荀子五十岁的时候才到齐国游学,他曾三次担任稷下学宫的祭酒(类似于现在的校长),当时正是诸子百家争鸣时期,

稷下学宫

(来源:"没有稷下学宫,就没有'百家争鸣'",《大众日报》,2021年12月26日。)

第四章　中国人如何传承家风家训

荀子对各家学说都有所批评，唯独十分推崇孔子，以孔子继承人自居。荀子在继承前期儒家学说的同时，又吸收了诸子百家的长处，形成了自己的思想体系，对儒家思想有所发展。

荀子在人性问题上提出了性恶论，主张人性有恶，这和儒家另一个代表人物孟子主张的"性善论"截然相反，荀子否认天赋道德的观念，强调后天环境和教育对人的影响，这些都为后世很多儒家学者所不容。

荀子在政治思想上坚持儒家的礼治原则，同时主张发展经济和礼治法治相结合，具有更多的现实主义倾向，他的两个学生李斯、韩非后来都成了法家的代表人物。

荀子写了很多文章来阐述自己的思想主张，比如大家熟知的《劝学》就是他晚年所著，后人收集整理成《荀子》一书。

除了广建孔庙，中国古代封建统治者还会前往曲阜孔庙祭拜孔子，以示尊孔之心。据记载，历史上共有十二位皇帝前往曲阜孔庙祭拜过，汉高祖刘邦是第一个，他在公元前195年巡视路过曲阜时曾前往孔庙祭拜。清朝的乾隆皇帝则是祭拜次数最多的皇帝，先后九次前往曲阜孔庙祭拜孔子。

修书

修书是中国古代统治者彰显文治武功的一个重要手段，常言道：盛世修书。古代统治者为了展示自己的文治盛况，往往会投入大量的人力物力来修书，比较著名的有汉朝的《艺文志》、唐代的

《艺文类聚》、宋代的《太平御览》、明代的《永乐大典》和清代的《古今图书集成》以及《四库全书》。

　　由于历经战乱，许多家风家训文字典籍很难保存下来，尤其是那些名声并不大的作者，其作品并不为更多的人所关注，往往失传于世。修书会对历朝历代典籍进行整理，客观上使许多家风家训的记载和典籍得以保存下来，并为后世人所熟知。比如《颜氏家训》《庭帏杂录》这样的家训书，就是因为收录在《四库全书》中才得以流传至今。

知识卡片4—10

◎纪晓岚与《四库全书》

　　纪晓岚（公元1724—1805年），本名纪昀，字晓岚，直隶河间府献县人，清代著名文学家。

　　纪晓岚博览群书，学识渊博，有"大清第一才子之称"。他生性诙谐，聪明机智，民间流传着他许多智斗大贪官和珅的故事。他一生最大的贡献就是主持编撰了《四库全书》。

四库全书

第四章　中国人如何传承家风家训

《四库全书》是清代乾隆时期编修的大型丛书，全书分经、史、子、集四部，故名"四库"。《四库全书》共收录图书3462种，共计79338卷36000余册，约八亿字。《四库全书》对中国古典文化进行了一次最系统、最全面的总结，可以称为中华传统文化最丰富、最完备的集成之作。文、史、哲、理、工、农、医等几乎所有的学科都能够从中找到源头和血脉。

纪晓岚著有《阅微草堂笔记》，曾与《聊斋志异》一道誉为清代笔记小说中的"双璧"。

除了中央政府组织的大规模修书活动，中国古代一些地方政府主官也会组织或支持进行地方志书的编修。

地方志书简称方志，是记录一个地方的历史沿革、山川地理、气候物产、风土人情、名胜古迹、人物故事等的重要史料。我们现在看到的很多家风家训故事和人物，就来源于方志里的记载。

地方志在南宋时期才逐渐形成比较成熟的体例，到清朝时，地方志编修进入一个鼎盛时期，很多文人学者竞相参与编纂，出现了一大批高质量的地方志书。像著名诗人、戏剧作家孔尚任就修过《阙里新志》《平阳府志》《莱州府志》三部地方志书。

知识卡片4-11

◎ 孔尚任和《桃花扇》

孔尚任（公元1648—1718年），字聘之，号东塘，山东曲阜人，孔子六十四代孙。

孔尚任八岁入孔家私塾读书，二十岁中秀才，曾参加乡

试但未中举。公元1684年，康熙皇帝前往曲阜孔庙祭拜孔子，游览孔林，孔尚任随同导游讲解，受到赏识，被授国子监博士，后历任淮阳治河使、宝泉局监铸、户部员外郎，五十三岁时孙尚任罢官还乡，结束了他暗淡的仕途生涯。

孔尚任一生致力于戏剧创作，他用二十年时间，三易其稿，最终写成了流传至今的传奇戏剧剧本《桃花扇》，与《西厢记》《牡丹亭》《长生殿》一起被称为中国古典四大名剧。

《桃花扇》以侯方域与李香君的悲欢离合为主线，展现了南明兴亡的历史现实，描述了明朝遗民的亡国之痛，歌颂了忠贞不渝的爱国情怀。《桃花扇》一经问世就风靡天下，至今长盛不衰，已经被改编成京剧、黄梅戏、话剧等多个剧种。

孔尚任在《桃花扇》中塑造了很多鲜明的人物形象，其中，"权奸"阮大铖以其奸险狡诈、人品低下而为世人不齿，就连他的籍贯也出现"桐城不要，怀宁不收"的争议。据《明史》记载，阮大铖是安徽怀宁人，但怀宁不认可这个说法，反而说阮大铖是桐城人，理由是主持修纂《明史》的张廷玉是桐城人，因为憎恶阮大铖的为人，才编造了他的籍贯。1915年版的《怀宁县志》在记述该县名胜"百子山"时，专门加了这样的注解："旧志云明季阮大铖自号百子山樵，辱此山矣。大铖实桐城人，今礼部题名碑及府学前进士坊可考也。"可惜怀宁所说的礼部题名碑及府学前进士坊早已不存，没有证据，桐城自然不认账，阮大铖的籍贯到底是哪里，也就成了历史悬案。

奖励

自汉武帝依董仲舒建议"罢黜百家，独尊儒术"以来，中国历代帝王都以儒家思想为治国理念，实行"以孝治天下"政策，大力倡导儒家孝道文化，并资以奖励。

举孝廉是汉朝的一种由下向上推选人才为官的制度。孝廉，即孝子廉吏，大多为州郡属吏或通晓经书的儒生。举孝廉亦成为一种政治待遇和权力。尤其是在两汉时期，成为官吏晋升的正途，汉武帝以后，不少名公巨卿都是孝廉出身，对汉代政治影响很大。像唐代诗人王勃在其千古名作《滕王阁序》中提到过的陈蕃，就是被推举为孝廉后才进入官场的。陈蕃担任豫章太守时，一到任就去拜访当地名士徐穉，还请徐穉担任了一个叫"功曹"的官职。陈蕃平时从不在住处接待宾客，但特地为徐穉设了一个榻，徐穉离开以后就悬挂起来。《滕王阁序》中的"人杰地灵，徐孺下陈蕃之榻"，说的就是这个典故。陈蕃嫉恶如仇，一生致力于匡世济民，担任太傅后，宦官曹节、王甫等人把持朝政，祸乱朝纲，陈蕃便上奏疏加以斥责，遭到嫉恨，后来他因与窦武谋划剪除宦官，事败被杀。

尽管说举孝廉制度存在很多的弊端，但在当时还是对社会风气产生了很大的影响，尤其是其重孝重廉的人才选拔标准，对孝道等家风思想的传播起到了推动作用。

知识卡片4-12

◎一屋不扫，何以扫天下

陈蕃是汝南平舆（今河南省平舆县）人，从小就喜欢读儒家经典，树立了远大的志向。他十五岁的时候，一个叫薛勤的

人来拜访他的父亲，看到房间里满是灰尘，东西摆放得杂乱无章，就责备他为什么不打扫一下，陈蕃当即辩说："大丈夫当以安定天下为己任，哪能做这些小事呢？"薛勤很赞赏他有远大志向，便告诫他说："一屋不扫，何以扫天下？"陈蕃听了深受震动，自此便从小事做起，一步一个脚印地去实现自己安定天下的理想。后人也常用这句话来训诫子孙要脚踏实地。

汉代以后，历代统治者对家风的奖励主要是题匾和赐建牌坊等形式。

唐代江州（今江西德安）陈氏制定了《陈氏家法三十三条》，以忠孝节义为本，耕读传家，敬睦家邻，当时的唐昭宗皇帝诏赐立义门，时称"义门陈"。

到宋朝嘉祐六年（公元1061年），江南数月无雨，旱情严重，灾民遍野。宋仁宗视察灾情，走进"江州义门陈"，见这里生产生活如常，义门陈家上下和睦，孝义治家，老少齐心。面对大旱之年，整个家族齐心协力，挖渠引水，乃避此旱，故生活如常。为此，宋太宗赐御书33卷，题词"真良家"，大力表彰。陈家因此而兴盛一时，有"天下第一家"之称。

在现在的安徽省歙县棠樾村，有一个鲍姓家族，从明朝永乐年起，在四百年间立了七座牌坊，忠孝节义俱全，功勋、科第、德政都有，每个牌坊都是一个传奇。

最早立的一个"牌坊"是明朝永乐十八年的"慈孝里坊"。话说宋朝代德年间，徽州府守军李世达起兵叛乱，为勒索钱财，绑架了棠樾村鲍姓这一对父子——鲍宗岩、鲍寿孙，敲诈勒索不成要杀

第四章　中国人如何传承家风家训

了他们，儿子听说赶快跪到叛军面前，为父亲讨饶："你们不能杀我的父亲，我父亲年纪大了，你们杀他太残忍了，你们要杀杀我。"父亲看到强盗要杀他儿子，赶快跪到强盗面前："要杀还是杀我老头子，把我儿子放了。"因为这一对父子互相争死，竟感动了叛军，最后释放了他们。

棠樾村鲍家牌坊

明朝永乐皇帝朱棣在读《宋史孝里传》时，看到鲍姓父子的故事，写诗赞到："鲍家父子全仁孝，留取声名照古今"，并御制"慈孝里坊"，旌表这一对父子。

到清朝嘉庆年间，淮河决堤，鲍家请人修了整整八百多里的河堤，为了救济灾民，总共拿了粮食十万石，白银三百多万两，当时的嘉庆皇帝特例让鲍家修建了"乐善好施"坊，整个徽州只有这一座。

鲍家人把刻在牌坊上的忠义节孝，作为齐家的格言，教育后来人继承鲍家的家风。在徽州一方，鲍姓本是一个小姓，但因为事迹可嘉而成为一方显姓，无论做官、经商、忠孝节义、恪守成规，鲍家之后，英才武将、忠臣孝子、文坛俊彦、艺林高手，代代都有英才。

今天贞节牌坊已被时代推倒，但忠诚、孝尊、仁义等依然是中国老百姓不变的推崇。时至今日，良好的家风家训一直是修身齐家的不二法门。

后 记

  终于完稿了,我长长地出了一口气。其实我写《家风家训》纯粹是出于对中国传统文化的喜爱,自己并没有做过这方面的深入研究,所以一开始写的时候心里是很惴惴然的,是家人给了我很大的鼓励和支持,首都经济贸易大学出版社的彭伽佳老师看了书稿后,也提了很多很好的意见和建议,我心里明白,没有他们的默默付出,这本书是不大可能和读者见面的。

  然而,中国传统文化是如此博大精深,让我总有言犹未尽的感觉,家风家训背后那些美好的人和事不时浮现在眼前,它提醒着我,在这个物质异常丰富、科技日新月异、生活多姿多彩的时代,我们应该去做些什么。是啊,"乱花渐欲迷人眼",面对各种外来文化和思潮的冲击,家风家训所代表的中国优秀传统文化依然是这个物欲横流的世界里的一缕清风、一汪清泉,值得我们为之折服,并不遗余力地去倡导,去弘扬。

  党和国家高度重视家庭家教家风建设,习近平总书记多次谈

及家风建设，他说："不论时代发生多大变化，不论生活格局发生多大变化，我们都要重视家庭建设，注重家庭、注重家教、注重家风。"2016年7月1日，在庆祝中国共产党成立95周年庆祝大会上，习近平总书记又明确提出要坚持"四个自信"，其中之一就是文化自信，这些都成为新时代传承和发展家风家训，推动社会主义核心价值观在家庭落地生根，促进社会主义家庭文明新风尚形成的重要纲领和行动指南。

令人高兴的是，我们看到了党和政府乃至社会各界都纷纷行动起来。《新时代公民道德建设实施纲要》明确提出了"用良好家教家风涵育道德品行"；党的十九届六中全会再次强调要"注重家庭家教家风建设"，成为我们传承和弘扬家风家训优秀传统文化征途上的灯塔。中央文明委组织开展了文明家庭评选和表彰活动，全国妇联常态化开展了寻找"最美家庭"、五好家庭创建等活动。在各地，传承和弘扬家风家训优秀传统文化的活动如火如荼。游览陕西省家风馆，透过一件件展品，了解它背后所蕴含的美好家风家训故事，你能感受到历史传来的温度和热量；关注山东省《家风家训》公众号，阅读一篇篇美文，结识那些家风家训故事中的人物，或英雄，或普通人，你都能接收到他们传递过来的大爱和力量；走进图书室和书店，翻阅一本本精美的家风家训书籍，透过作者的文字，你能欣赏到古老中华文明焕发出的绚烂光芒。这样的人和事有很多很多，大家都在用自己的方式为家风家训优秀传统文化的传承发展和弘扬光大不懈努力着，我为自己能成为其中一员，略尽绵薄之力而感到欣慰和自豪。

当前社会已经进入了网络时代，文化传播的大众化特征愈来愈明显，如何更好地传承和发展好家风家训优秀传统文化，我有几点刍荛之见。

一是要用历史唯物主义的眼光去看古代家风家训涉及的人和事，并赋予其新的时代内涵。事实上，传统家风家训中的人和事都有其历史局限性，但我们要从中寻找其闪光的道德品质。比如，我写了"管宁割席"的故事，是想告诉青少年交友要交兴趣相投、志同道合的朋友，现在我们很多的年轻人不加辨识地盲目追"星"，甚至还为那些劣迹斑斑的所谓"明星"开脱辩解，是不是应该好好反思一下了？还有，在写到史可法的事迹时，我也曾想过，史可法只是在为南明封建统治殉葬而已，他所作所为的历史意义是什么？然而，当看到一些人面对来自于西方国家在政治、经济、科技等各个方面的霸凌而意志消沉时，我觉得史可法"明知不可为而为之"的悲壮气概仍值得我们铭记并纳入胸中。凡此种种，从家风家训优秀传统文化中汲取营养，养全民族的"浩然之气"，这应该是新时代传承和发展家风家训优秀传统文化的出发点和归宿。

二是要把眼光投射到青少年身上，让家风家训优秀传统文化走进校园，走进青少年心里。古话说："三岁看大，七岁看老。"青少年时期正是人生观、世界观、价值观形成的关键时期，中国古代家庭从小就十分注重美德的养成，家风家训本来也就是中国传统美德教育的产物。很多人建议我系统介绍一下家风家训的产生、发展和传承，我思虑再三还是放弃了，这其中有我对此研究不深的原因，更主要的是我觉得只有把道理放在人和事上，讲生动美好的故事，才更容易为青少年所喜欢，就如我们去海边旅游，成年人会购买精美的珍珠项链，而小孩子更喜欢在沙滩上拣贝壳。因此，在写作本

书时，家风家训知识的专业性、系统性、完整性不在我的考虑范围内，我会更多地考虑那些家风家训背后是否有生动有趣的故事可讲，如果没有，那就放弃介绍，留下缺憾吧。

三是要适应大众文化传播的习惯和特征，同时展现家风家训优秀传统文化的艺术魅力。散点式、碎片化、文字美、联想和发散思维等等都是大众文化传播的主要特征，因此，我努力尝试用更美的文字来讲好家风家训故事。美好的品德是由美好的人和事来体现的，就应该用美好的文字来讲述，如果书中的人和事与真实的历史有所差异，我觉得可以不用管它，因为真实的历史永远是冷酷无情的。我在书中写了那么多的人和事，不是为了还原历史，评判古人，只为将家风家训优秀传统文化中的那些美好瞬间定格，一一呈现在读者面前，就如将多彩的贝壳从泥沙中挖出来铺在沙滩上一样，任由孩子们挑拣。因此，如果说本书对家风家训的研究不够系统，介绍不够全面，这样的批评我是接受的，但我不想因此而改变。

在中华民族伟大复兴的征程中，继承和发扬中国优秀传统文化，从中汲取无尽的精神力量，推动社会主义核心价值观深入人心，是每一个中国人的责任和使命。我愿与大家一道，为此而不懈努力！